時間 15分　合かく 80点　／100　　月　日

1　かけ算
① かけ算のきまり

かけられる数とかける数を入れかえてかけても、答えは同じです〜、〜〜 1 ふえると、答えは、かけられる数だけふえます。かける数が 1 へると、答えは、かけられる数だけへります。

1 次の計算をしましょう。　📖教上13ページ1❶　　30点(1つ5)

① 5×2　　　② 4×9　　　③ 3×4

④ 8×5　　　⑤ 7×7　　　⑥ 9×6

⚠️ミスに注意!

2 次の□にあてはまる数を書きましょう。　📖教上14ページ1❸　20点(1つ10)

① 6×5＝6×4＋□　　　② 6×5＝6×6－□

3 次の□にあてはまる数を書きましょう。　📖教上15〜16ページ❷、18ページ❷

30点(□全部できて1つ15)

①
7×4 ⟨ 3 ×4＝□
　　　 4 ×4＝□
合わせて □

②
5×9 ⟨ 5× 3 ＝□
　　　 5× 6 ＝□
合わせて □

4 次の□にあてはまる数を書きましょう。　📖教上16〜17ページ❸❶、18ページ▶

20点(1つ5)

① 2×3＝3×□　　② 9×2＝□×9

③ 7×8＝8×□　　④ 5×□＝3×5

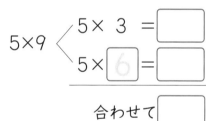

2×4＝8
4×2＝8

かけられる数とかける数を入れかえて計算しても、答えは同じになるね。

1　かけ算
① かけ算のきまり　　……(2)

［かけ算では、かけるじゅんじょをかえて計算しても、答えは同じです。］

❶ バラを4本ずつのたばにします。このバラを、1人に2たばずつ配ります。3人に配るには、バラは全部で何本いりますか。　📖教 上18〜19ページ❹

60点(①・②□全部できて10・式10・答え10)

① 1人分は何本になるのかを考えてから、答えをもとめましょう。

| 1たばのバラの数 | | 1人分のたばの数 | | 1人分のバラの数 |
| 4 | × | 2 | = | 8 |

| 1人分のバラの数 | | 人　数 | | 全部のバラの数 |
| 8 | × | 3 | = | |

式　(4×2)×3＝ ☐

答え（　　　　　　）

② 3人分は何たばになるのかを考えてから、答えをもとめましょう。

| 1人分のたばの数 | | 人　数 | | 3人分のたばの数 |
| 2 | × | 3 | = | |

| 1たばのバラの数 | | 3人分のたばの数 | | 全部のバラの数 |
| 4 | × | | = | |

式

答え（　　　　　　）

❷ 次の計算をしましょう。　📖教 上19ページ❹②、▶、❷　　40点(1つ10)

①　(4×2)×2　　　　　②　4×(2×2)

③　6×(2×3)　　　　　④　(3×2)×3

教科書 📖 上18〜19ページ

きほんの
ドリル
→3。

サクッと
こたえ
あわせ
答え 81ページ

時間 15分　合かく 80点　/100　月　日

1　かけ算
② 0のかけ算

[どんな数に0をかけても、0にどんな数をかけても、答えは0です。]

1 ゆうきさんが、おはじき入れをしたら、下のようになりました。

📖教 上20〜21ページ**1**　80点(式10・答え10)

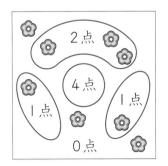

2点
4点
1点　1点
0点

入ったところの点数(点)	4	2	1	0	合計
入った数(こ)	0	3	2	3	8
とく点(点)	②	①	2	③	④

① 2点のところのとく点をもとめましょう。

　　　点数　　入った数　　とく点
式　　2 × 3 = □

　　　　　　　　　　　答え（　　　　　　）

② 4点のところのとく点をもとめましょう。

　　　点数　　入った数　　とく点
式　　4 × 0 = □

　　　　　　　　　　　答え（　　　　　　）

③ 0点のところのとく点をもとめましょう。
式

　　　　　　　　　　　答え（　　　　　　）

④ とく点の合計は何点でしょうか。
式

　　　　　　　　　　　答え（　　　　　　）

2 次の計算をしましょう。　📖教 上21ページ**2**　　20点(1つ5)

① 5×0　　　　　　　② 7×0

③ 0×2　　　　　　　④ 0×0

きほんの
ドリル
→4。

時間 15分　合かく 80点　/100

月　日

サクッと
こたえ
あわせ

答え 81ページ

1 かけ算
③ 10のかけ算

[10のかけ算も、かけ算のきまりを使って計算します。]

1 あめは、全部で何こありますか。　教上22ページ❶　70点

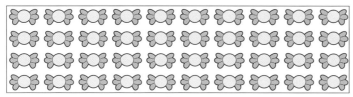

① あめの数をもとめる式を、2つ書きましょう。　10点(式1つ5)

式 [4] × [　]　　　式 [10] × [　]

② 4×10 を、かける数を分けて計算しましょう。

20点(式全部できて15・答え5)

式　4×10 {
4× 3 = 12
4× [7] = [　]
―――――――
合わせて [　]
}

答え（　　　　　　　）

③ 4×10 を、4のだんの九九を使って計算しましょう。

20点(式全部できて15・答え5)

式　4×10=4×9+[4]

4×9+[　]=[　]

答え（　　　　　）

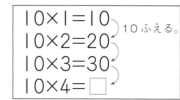

④ 10×4 を、計算しましょう。　20点(式15・答え5)

式

答え（　　　　　）

2 次の計算をしましょう。　教上22ページ▶、❷　30点(1つ10)

① 3×10　　② 10×6　　③ 10×10

教科書 上22ページ

サクッと
こたえ
あわせ
答え 81 ページ

2 時こくと時間
① 時こくと時間のもとめ方

⚠️ミスに注意!

❶ 家から駅まで歩いて 35 分かかります。家を午前 8 時 40 分に出発すると、駅に着く時こくは何時何分ですか。 📖教上27ページ❶、28ページ▶ 25点

( )

❷ ひろ子さんは、午後 4 時 55 分から午後 6 時 10 分まで家の近くをさん歩しました。さん歩していた時間は、何時間何分ですか。

📖教上28ページ❷、❸ 25点

( )

❸ 駅で午前 11 時 15 分に友だちと待ち合わせのやくそくをしました。家から駅まで行くのに、歩いて 20 分かかります。家を何時何分までに出ればよいですか。 📖教上29ページ❷、▶ 25点

( )

[計算するときは、○時間△分を○時△分と書きます。]

❹ 山小屋を午前 6 時 50 分に出発して、3 時間 20 分かかってちょう上に着きました。ちょう上に着いた時こくは、何時何分ですか。筆算でもとめましょう。 📖教上31ページ❸、▶ 25点(筆算15・答え10)

```
  6 時 50 分
+
```

答え ( )

きほんの
ドリル
→6。

時間 15分　合かく 80点 ／100

月　　日
サクッと
こたえ
あわせ
答え 82ページ

2 時こくと時間
② 短い時間

[1分より短い時間のたんいは秒です。1分＝60秒]

❶ 右の表は、ゆみさんたちが、プールでもぐっていた時間をまとめたものです。　📖教 上33ページ❷

60点(全部できて1つ15)

ゆみ	1分26秒
かおり	1分14秒
めぐみ	107秒

① ゆみさんがもぐっていた時間を、秒で表しましょう。

1分26秒 ＝ □ 秒

$$
\begin{array}{r}
26 \\
+\ 60 \cdots 1分 \\
\hline
8\ 6
\end{array}
$$

② かおりさんがもぐっていた時間を、秒で表しましょう。

1分14秒 ＝ □ 秒

③ めぐみさんがもぐっていた時間を、何分何秒で表しましょう。

107秒 ＝ □ 分 □ 秒

$$
\begin{array}{r}
107 \\
-\ 60 \cdots 1分 \\
\hline
4\ 7
\end{array}
$$

④ だれがいちばん長くもぐっていましたか。

(　　　　　　　)

❷ 次の □ にあてはまる数を書きましょう。　📖教 上32ページ❶、33ページ❷

40点(全部できて1つ10)

① 1分 ＝ □ 秒

② 1分39秒 ＝ □ 秒

③ 90秒 ＝ □ 分 □ 秒

④ 102秒 ＝ □ 分 □ 秒

教科書 📖 上32〜33ページ

3　わり算

① 1つ分の数をもとめる計算　　　……(1)

[全部の数を何人かで同じ数ずつ分けて、1人分の数をもとめます。]

❶ 12このいちごを、3人で同じ数ずつ分けます。1人分は、何こになりますか。

📖教 上37～38ページ❶　60点(①20、②式20・答え20)

① 下の絵を見て、答えをもとめましょう。

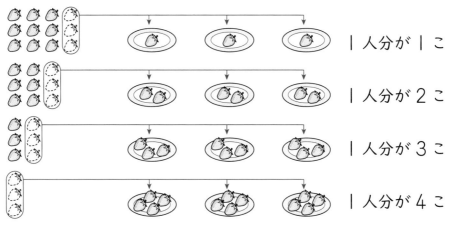

1人分が1こ

1人分が2こ

1人分が3こ

1人分が4こ

答え（　　　　　）

② 1人分のいちごの数をもとめる式と、答えを書きましょう。

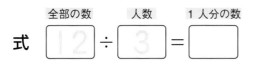

式　　全部の数　　人数　　1人分の数
　　│12│ ÷ │3│ = │　│

答え（　　　　　）

❷ 20このみかんを、4人で同じ数ずつ分けます。1人分は、何こになり
ますか。　📖教39ページ▶　　40点(式20・答え20)

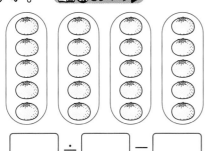

わる数のだんの
九九を使いましょう。

式　□ ÷ □ = □

答え（　　　　　）

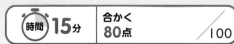

サクッと
こたえ
あわせ

答え **82**ページ

3 わり算
① 1つ分の数をもとめる計算　　……(2)

[わり算は、わる数のだんの九九を使って計算します。]

❶ 15 このあめを、5 人で同じ数ずつ分けます。1 人分は、何こになりますか。 📖教上39～40ページ❷　　　　　20点(式10・答え10)

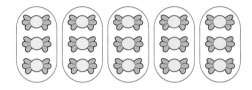

答えは、わる数のだんの
九九でもとめられるね。

式

答え（　　　　　　　）

❷ 18cm のテープを、3 人で同じ長さずつ分けると、1 人分は、何 cm になりますか。 📖教上40ページ▶　　　　20点(式10・答え10)

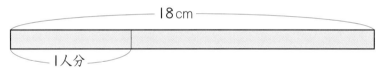

18cm

1人分

式

答え（　　　　　　　）

❸ 次のわり算をしましょう。 📖教上41ページ❷　　　60点(1つ5)

① 6÷2　　　　② 8÷4　　　　③ 9÷3

④ 16÷8　　　⑤ 36÷9　　　⑥ 24÷4

⑦ 28÷7　　　⑧ 42÷6　　　⑨ 56÷8

⑩ 10÷5　　　⑪ 48÷6　　　⑫ 72÷9

教科書 📖 上39～41ページ

きほんのドリル
> 9

3 わり算
② いくつ分をもとめる計算 ……（1）

時間 15分　合かく 80点 ／100　月　日

[全部の数を同じ数ずつに分けて、何人に分けられるかをもとめます。]

1 12このあめを、1人に3こずつ分けます。何人に分けられますか。

📖教上42〜43ページ**1**、**2**　60点（①20、②式20・答え20）

① 下の絵を見て、答えをもとめましょう。

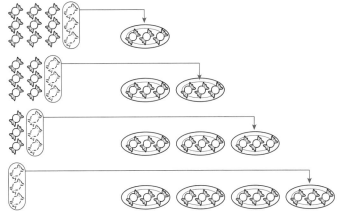

1人に分けられる

2人に分けられる

3人に分けられる

4人に分けられる

答え（　　　　　）

② 何人に分けられるかをもとめる式と、答えを書きましょう。

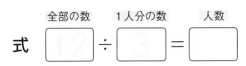

全部の数　1人分の数　人数

式　12 ÷ 3 ＝ □

答え（　　　　　）

2 30このかきを、1人に6こずつ分けます。何人に分けられますか。

📖教上44ページ**2**、▶　40点（式20・答え20）

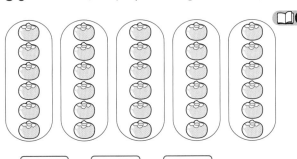

6のだんの九九を使いましょう。

式 □ ÷ □ ＝ □

答え（　　　　　）

教科書 📖 上42〜44ページ

9

3　わり算
②　いくつ分をもとめる計算　……(2)

[わり算は、わる数のだんの九九を使って計算します。]

❶ 24÷6 の式になる問題を作りました。問題に合うように、次の図を線でかこみ、式と答えを書きましょう。　📖教上45ページ❸　　60点(図10・式10・答え10)

①　24 本の花を、1 人に 6 本ずつ分けます。何人に分けられますか。

式

答え（　　　　　　　）

②　24 本の花を、同じ数ずつ 6 人に分けます。1 人分は何本になりますか。

式

答え（　　　　　　　）

❷ 40÷8 の式になる問題を作りました。次の　　にあてはまる数やことばを書きましょう。　📖教上46〜47ページ▶　　40点(全部できて1つ20)

①　1 人分の数をもとめる問題

画用紙が、　　　まいあります。同じ数ずつ　　　人で分けます。

　　　は何まいになるでしょうか。

②　何人分かをもとめる問題

画用紙が、　　　まいあります。1 人に　　　まいずつ分けます。

　　　に分けられるでしょうか。

教科書 📖 上45〜47ページ

| 時間 **15**分 | 合かく **80**点 | /**100** |

サクッと
こたえ
あわせ

答え **82**ページ

3　わり算
③　1や0のわり算

[わられる数とわる数が同じ数のとき、答えは1になります。わられる数が0のとき、答えは0になります。]

❶ 箱に入っているプリンを、6人で同じ数ずつ分けます。

　　1人分は、何こになりますか。　📖**教**上48ページ**❶**　　40点(式10・答え10)

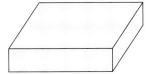

①　6こ入っていたとき

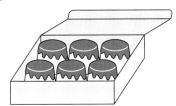

　　　　　　　　全部の数　人数　1人分の数
式　　6 ÷ 6 ＝ □

　　　　　　　　　　　答え（　　　　　　　）

②　1こも入っていないとき　　式

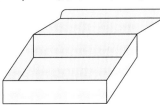

　　　　　　　　　　　答え（　　　　　　　）

[わる数が1のとき、答えはわられる数と同じになります。]

❷ 8このおはじきを、1人に1こずつ分けます。何人に分けられますか。

　　　　　　　📖**教**上48ページ▶　30点(式15・答え15)

式

　　　　　　　　　　　答え（　　　　　　　）

❸ 次のわり算をしましょう。　📖**教**上48ページ❷　　30点(1つ5)

　①　3÷3　　　　②　0÷7　　　　③　9÷1

　④　1÷1　　　　⑤　5÷5　　　　⑥　0÷2

教科書 📖 上48ページ

サクッと
こたえ
あわせ

答え 82ページ

3 わり算
④ 計算のきまりを使って

❶ 60÷3 の答えは、いくつですか。□にあてはまる数を書いて答えましょう。

📖教 上49ページ❶　50点(□1つ10)

① 60 は、10 のまとまりが □ ことみることが
できます。

　　6÷3=2

　　10 のまとまりが □ こで、□

② わられる数を 2 つに分けると、1つは □ です。

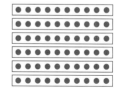

30÷3=10
30÷3=10

10 が 2 こで、□

❷ 48÷4 の答えは、いくつですか。□にあてはまる数を書いて答えましょう。

📖教 上50ページ❷　50点(□・答え全部できて1つ25)

① 4のだんの九九を考えます。

　　4×□=36

　48 にはたりません。

　　4×□=40 ┐
　　　　　　　├ +4
　　4×□=44 ┤
　　　　　　　├ +4
　　4×□=48 ┘

　だから、

　　48÷4=□

② 48 を 40 と 8 に分けて考えます。

　　40÷4=□

　　8÷4=□

　です。
　　そして、
　　10+□=□

　だから、

　　48÷4=□

答え (　　　　　)　　　　答え (　　　　　)

教科書 📖 上49〜50ページ

まとめの
ドリル
13.

3 わり算

時間 15分 ｜ 合かく 80点 ／100 ｜ 月　日

サクッと
こたえ
あわせ

答え 83ページ

1 次の計算をしましょう。　　　　　　　　　　　　　　　80点 (1つ5)

① 30÷5　　　　② 14÷2　　　　③ 21÷3

④ 32÷4　　　　⑤ 49÷7　　　　⑥ 54÷6

⑦ 63÷7　　　　⑧ 72÷8　　　　⑨ 81÷9

⑩ 8÷8　　　　⑪ 0÷5　　　　⑫ 7÷1

⑬ 60÷6　　　　⑭ 80÷4　　　　⑮ 77÷7

⑯ 28÷2

2 42cm のリボンがあります。　　　　　　　　　20点 (式5・答え5)

① 1人に 7cm ずつ分けると、何人に分けられますか。

式

答え （　　　　　　　）

② 7人に同じ長さずつ分けると、1人分は何 cm になりますか。

式

答え （　　　　　　　）

教科書 📖 上36〜53ページ

[ある長さが、もとにする長さの何本分になるかをもとめるには、わり算を使います。]

1 テープの長さをもとめましょう。　📖教上54ページ**1**　60点(式10・答え10)

① 〔3cm〕の 2 倍の長さをもとめましょう。

1こ分の長さ　倍

式　3 × 2 ＝ ☐

答え（　　　　　）

② 〔3cm〕の 5 倍の長さをもとめましょう。

1こ分の長さ　倍

式　3 × 5 ＝ ☐

答え（　　　　　）

③ 〔4cm〕の 5 倍の長さをもとめましょう。

式

答え（　　　　　）

2 ゆかりさんは、赤いテープを 12cm、白いテープを 3cm 切り取りました。赤いテープは、白いテープの長さの何本分ですか。　📖教上54～55ページ▶

20点(式10・答え10)

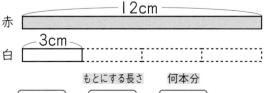

赤　12cm
白　3cm

12cmは3cm の
何本分かな。

もとにする長さ　何本分

式　12 ÷ 3 ＝ ☐

答え ☐ 本分

3 ⓐのテープは 6cm で、ⓘのテープは 2cm です。ⓐのテープはⓘのテープの長さの何倍の長さですか。　📖教上54～55ページ▶　20点(式10・答え10)

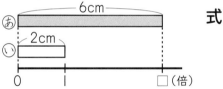

ⓐ　6cm
ⓘ　2cm
0　1　☐(倍)

式

答え（　　　　　）

教科書 📖 上54～55ページ

きほんの
ドリル
15。

時間 15分　合かく 80点 ／100　月　日

サクッと
こたえ
あわせ

答え 83ページ

4　たし算とひき算
①　3けたのたし算　……(1)

[3けたのたし算の筆算は、同じ位どうしを計算します。]

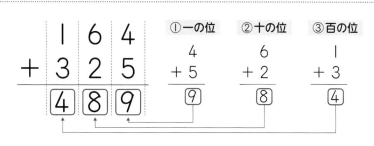

❶ 筆算をしましょう。　📖教 上57〜58ページ❶、▶　　80点(1つ10)

①
```
  2 3 7
+ 1 5 2
-------
  3 8 9
```

②
```
  3 4 2
+ 2 3 6
-------
```

③
```
  6 2 5
+ 3 1 2
-------
```

④
```
  4 5 1
+ 2 4 6
-------
```

⑤
```
  1 6 3
+ 8 2 6
-------
```

⑥
```
  3 0 2
+ 4 5 2
-------
```

⑦
```
  3 6 2
+ 5 0 3
```

⑧
```
  2 0 3
+ 7 0 4
```

2けたのたし算の筆算と
同じだね。

❷ 赤いチューリップが234本、白いチューリップが362本さきました。
チューリップは、全部で何本さきましたか。　📖教 上57〜58ページ❶

20点(式10・答え10)

全部の本数

赤いチューリップ234本　　白いチューリップ362本

式

答え（　　　　　　　）

教科書 📖 上56〜58ページ

サクッと
こたえ
あわせ

答え **83**ページ

4 たし算とひき算
① 3けたのたし算　　　　　　……(2)

[一の位からじゅんに計算すると、どこの位がくり上がるかわかります。]

1 筆算をしましょう。　📖教上59ページ**2**、60ページ**3**　　　90点(1つ10)

① 　149
　+726
　　875

② 　492
　+245

③ 　674
　+289

④ 　175
　+698

⑤ 　305
　+407

⑥ 　280
　+360

⑦ 　832
　+　97

⑧ 　368
　+435

⑨ 　804
　+　96

2 次の計算を筆算でしましょう。　📖教上61ページ**4**、▶　　10点(1つ5)

① 739+346

② 675+489

教科書📖 上59〜61ページ

時間 15分　合かく 80点　／100　月　日

サクッと
こたえ
あわせ
答え 83ページ

4　たし算とひき算
②　3けたのひき算　……（1）

[3けたのひき算の筆算は、同じ位どうしを計算します。]

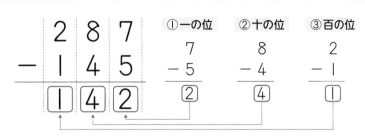

 同じ位どうしを
計算しましょう。

1 筆算をしましょう。　📖教 上63～64ページ１、▶　　80点（1つ10）

①
```
  5 6 9
- 3 2 4
───────
  2 4 5
```

②
```
  7 9 6
- 2 3 5
───────
```

③
```
  4 8 7
- 1 3 6
───────
```

④
```
  9 7 8
- 2 4 6
```

⑤
```
  8 6 4
- 5 1 4
```

⑥
```
  6 3 9
- 4 2 9
```

⑦
```
  7 5 8
- 3 5 2
```

⑧
```
  9 7 5
- 8 7 2
```

2けたのひき算の筆算と
同じだね。

2　ちゅう車場に、車が497台止まっていました。そのうち、263台が出ていきました。何台のこっていますか。　📖教 上63～64ページ１

20点（式10・答え10）

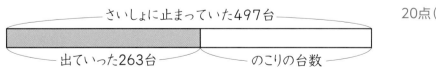

さいしょに止まっていた497台

出ていった263台　　のこりの台数

式

答え（　　　　　　　）

教科書 📖 上62～64ページ

答え **83**ページ

4 たし算とひき算
② 3けたのひき算 ……(2)

[一の位からじゅんに計算すると、どこの位がくり下がるかわかります。]

1 筆算をしましょう。　📖教 上65〜67ページ　　90点(1つ10)

①
```
  3 7 4
− 2 5 9
─────
  1 1 5
```

②
```
  9 5 4
− 3 6 2
─────
  □ □ □
```

③
```
  4 3 6
− 3 9 2
─────
    □ □
```

④
```
  8 2 7
− 6 5 9
```

⑤
```
  4 0 6
− 2 1 7
```

⑥
```
  8 0 5
− 7 3 6
```

⑦
```
  2 0 4
−   5 9
```

⑧
```
  3 0 0
− 1 2 6
```

⑨
```
  7 0 0
− 1 0 8
```

2 筆算をしましょう。　📖教 上67ページ**5**、▶　　10点(1つ5)

①
```
  1 0 0 0
−   7 8 5
```

②
```
  1 0 1 2
−   9 3 6
```

教科書 📖 上65〜67ページ

4 たし算とひき算
③ 大きい数の計算

[くり上がり、くり下がりに気をつけて計算します。けた数が多くなっても計算のしかたは
2けた、3けたのときと同じです。

❶ 筆算をしましょう。 📖教 上68ページ❶ 　　60点(1つ10)

①
```
   5175
 +2658
```

②
```
   2707
 +3299
```

③
```
   4698
 +5302
```

④
```
   4935
 -1957
```

⑤
```
   9114
 -3617
```

⑥
```
   10000
 -  5001
```

❷ 次の計算を筆算でしましょう。 📖教 上68ページ▶ 　　40点(1つ10)

① 3637+4185

② 2581+7464

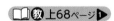

くり上がり、
くり下がりに
気をつけましょう。

③ 2258-1947

④ 10000-4098

教科書 📖 上68ページ

 時間 15分　合かく 80点　/100　月　日

 サクッと こたえ あわせ　答え 84ページ

4　たし算とひき算
④　計算のくふう

[たし算では、たされる数をふやした数だけたす数をへらします。ひき算では、ひかれる数 とひく数に同じ数をたします。]

❶ 次の計算をくふうしてしましょう。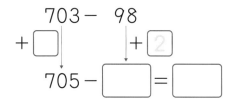

60点(全部できて1つ10)

① 498+310

$$498 \quad +310$$
$$+\boxed{2} \qquad -\boxed{}$$
$$\boxed{} +308 = \boxed{}$$

② 703−98

$$703 − \quad 98$$
$$+\boxed{} \qquad +\boxed{2}$$
$$705 − \boxed{} = \boxed{}$$

③ 398+260

④ 397+420

⑤ 500−396

⑥ 400−95

[3つの数をたすときは、じゅんじょをかえてたしても、答えはかわりません。]

❷ 次の計算をくふうしてしましょう。 教上70ページ❷、▶ 20点(1つ5)

① 756+32+68
=756+(32+68)
=$\boxed{}$

② 26+589+74

③ 49+51+283

④ 695+13+87

❸ 次の計算を暗算でしましょう。 教上70ページ❸ 20点(1つ5)

① 48+19

② 64+28

③ 74−58

④ 81−29

教科書 上69〜70ページ

まとめの
ドリル
21

時間 **15分** 合かく **80点** / 100

サクッと
こたえ
あわせ
答え **84**ページ

月　　日

4　たし算とひき算

1 筆算をしましょう。　　　　　45点(1つ5)

①
```
  267
+ 352
```

②
```
  489
+ 186
```

③
```
  674
+ 529
```

④
```
  3707
+ 2399
```

⑤
```
  3598
+ 6402
```

⑥
```
  812
- 594
```

⑦
```
  900
- 706
```

⑧
```
  206
- 158
```

⑨
```
  9224
- 3637
```

2 次の計算をくふうしてしましょう。　　　　　15点(1つ5)

① 480+299　　② 700-597　　③ 57+874+43

3 次の計算を暗算でしましょう。　　　　　20点(1つ5)

① 69+18　　　　　　② 27+36

③ 82-53　　　　　　④ 90-42

4 音楽会のじゅんびで、プログラムを作りました。きのうは 384 まい、きょうは 269 まい作りました。　　　　　20点(式5・答え5)

① きのうときょうでは、どちらが何まい多く作りましたか。

式

答え（　　　　　　　　　　　　　）

② きのうときょうで作ったプログラムは、全部で何まいありますか。

式

答え（　　　　　　　　　　　　　）

教科書 📖 上56〜73ページ

時間 15分　合かく 80点 ／100　月　日

サクッと
こたえ
あわせ
答え 85ページ

5 表とグラフ
① 表

[表は、調べたことをしゅるいに分けて、その数を表したものです。]

1 こうじさんの組では、すきな色を１人が１つずつ書きました。すきな色を表に
整理しましょう。　📖教上77ページ**1**、78ページ▶　　　　100点(1つ20)

黄	緑	赤	青	赤
赤	ピンク	緑	白	緑
白	青	黄	赤	青
緑	赤	ピンク	青	黄
青	黄	赤	緑	青
赤	緑	黄	青	赤
青	ピンク	青	黄	緑

すきな色調べ

色	人数	（人）
赤	①	8
青	正正	9
黄	正一	②
緑	正丅	7
その他	正	5
合計	③	

① 赤を「正」の字で表して、表に書きましょう。

「正」は５を表して
いるね。

② 黄の「正」の字を数字になおして、表に書きましょう。

③ 「合計」を表に書きましょう。

④ すきな色でいちばん多いのは、何色ですか。

（　　　　　）

⑤ 「その他」には、どんな色が入りますか。

（　　　と　　　　）

教科書 📖 上76〜78ページ

サクッと
こたえ
あわせ

答え 85ページ

5　表とグラフ
②　ぼうグラフ

[ぼうグラフは、ぼうの長さで数の大きさを表したものです。]

1 下の表は、かなえさんの組で、行ってみたい国を調べたものです。

📖教上79〜80ページ**1**、**2**、82ページ**4**　50点(1つ10)

行ってみたい国

国	アメリカ	中　国	イタリア	インド
人数(人)	14	9	7	4

① □に、あてはまる国を書きましょう。

② たてのじくの□に、目もりが表す数を
書きましょう。

③ □に表題を書きましょう。

④ たてのじくの( )に、目もりのたんい
を書きましょう。

⑤ アメリカのところに、人数に合わせて、
ぼうをかきましょう。

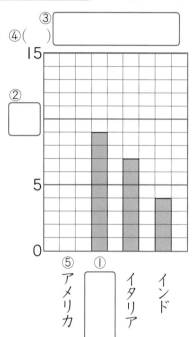

2 右下のグラフは、先週、はるとさんの学校でけっせきした人の数を、曜日べつに
表したものです。　📖教上81ページ**3**、▶　　　50点

① グラフの1目もり分は、何人を表し
ていますか。　　　　　　　20点

（　　　　　　）

② 金曜日にけっせきした人は、何人で
すか。　　　　　　　　　15点

（　　　　　　）

③ 木曜日にけっせきした人は、水曜日より何人多いですか。　　　15点

（　　　　　　）

けっせきした人の数

5 表とグラフ
③ くふうした表

[いくつかの表は、ひとつにまとめると、わかりやすくなります。]

1 右下の表は、3年生の1組、2組、3組のすきなスポーツのしゅるいと、人数を調べたものです。　📖教上84〜85ページ❶　　30点

① 表に2組の人数の合計を書きましょう。　10点

② 1組で、サッカーがすきな人は、何人ですか。　20点

（　　　　　　）

すきなスポーツ(1組)

スポーツ	人数(人)
野　球	12
ドッジボール	5
バレーボール	6
サッカー	9
合　計	32

すきなスポーツ(2組)

スポーツ	人数(人)
野　球	10
ドッジボール	8
バレーボール	4
サッカー	13
合　計	①

すきなスポーツ(3組)

スポーツ	人数(人)
野　球	14
ドッジボール	7
バレーボール	2
サッカー	11
合　計	34

2 右下の表は、上の3つの表を1つの表にまとめたものです。

📖教上84〜85ページ❶、▶　70点

① 表に、3組のバレーボールがすきな人の数を書きましょう。　10点

② 表に、ドッジボールがすきな人の合計を書きましょう。　10点

すきなスポーツ(3年生)　(人)

スポーツ ＼ 組	1組	2組	3組	合　計
野　球	12	10	14	36
ドッジボール	5	8	7	②
バレーボール	6	4	①	12
サッカー	9	13	11	33
合　計	32	35	34	⑤

③ 3年生で、サッカーがすきな人は、何人ですか。10点

（　　　　　　）

④ 3年生で、すきな人がいちばん多いスポーツは何ですか。　20点

（　　　　　　）

⑤ 表の⑤のところに入る数を書きましょう。　20点

6 長さ
① はかり方

[2つの場所の間をまっすぐにはかった長さを、きょりといいます。]

1 下のまきじゃくの ↓ のところは、何m何cmですか。

📖教上89〜90ページ**1**、91ページ▶　20点(1つ10)

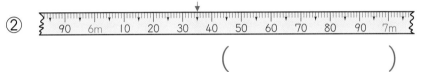

①　(　　　　　　　　　)

0の目もりのいちも、かくにんしよう。

②　(　　　　　　　　　)

2 ①〜③の長さを表す ↓ を、あ、い、うからえらびましょう。　📖教上91ページ▶

30点(1つ10)

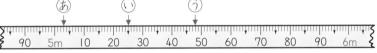

①　5m25cm(　　)　②　5m48cm(　　)　③　5m3cm(　　)

3 次のものの長さをはかるには、どれを使えばべんりですか。あ、い、うから1つずつえらびましょう。　📖教上92ページ**2**　30点(1つ10)

①　かんジュースのかんのまわり　(　　)

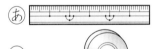

②　えんぴつの長さ　(　　)

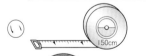

③　教室のゆかのたての長さ　(　　)

4 まどの横の長さをまきじゃくではかると、下の図の ↓ のところになりました。まどの横の長さは、何m何cmですか。　📖教上92ページ▶　20点

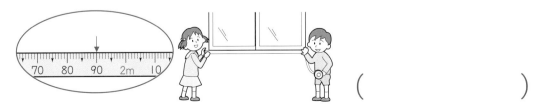

(　　　　　　　　　)

教科書📖 上88〜92ページ

6 長さ
② キロメートル

[道にそってはかった長さを、道のりといいます。]

1 下の地図を見て、答えましょう。　📖教上93ページ**1**、94ページ**2**　100点

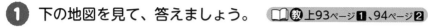

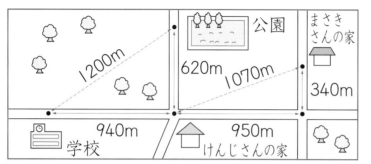

きょりは、まっすぐに
はかった長さだね。

① 公園から学校までの道のりときょりは、それぞれ何mですか。

35点(式15・答え10・きょり10)

道のり　**式**

答え（　　　　　　　　　）

きょり（　　　　　　　　　）

[1000mを1キロメートルといい、1kmと書きます。1km=1000mです。たとえば、2860m=2km860mになります。]

② けんじさんの家からまさきさんの家までの道のりときょりは、それぞれ何km何mですか。　35点(式15・答え10・きょり10)

道のり　**式**

答え（　　　　　　　　　）

きょり（　　　　　　　　　）

③ 公園から学校までの道のりと、けんじさんの家からまさきさんの家までの道のりとでは、どちらの道のりが、どれだけ長いですか。

30点(式15・答え15)

式

答え（　　　　　　　　　　　　　　　　）

教科書📖 上93～94ページ

かけ算／時こくと時間

 1 次の計算をしましょう。　　　　　　　　　　　　　　　30点(1つ10)

① 0×6　　　　　② 5×10　　　　　③ 10×7

2 次の□にあてはまる数をもとめましょう。　　　　　　　20点(1つ5)

① 4×7=4×6+□　　　　　② 8×6 は、8×7 より □ 小さい。

③ 3×7=□×3　　　　　④ 6×9=9×□

3 ペンを 3 本ずつのたばにします。｜人に 2 たばずつ配ります。5 人に配るには、ペンは全部で何本いりますか。　　　　　　　15点(式10・答え5)

式

答え （　　　　　　　　　）

4 朝のテレビのニュースは 50 分間です。放送は午前 8 時 35 分に始まります。終わるのは、何時何分ですか。　　　　　　15点(式10・答え5)

式

答え （　　　　　　　　　）

5 あつ子さんは、午後 ｜ 時 40 分から午後 3 時 10 分まで昼ねをしました。何時間何分昼ねをしましたか。　　　　　　　　　20点(式10・答え10)

式

答え （　　　　　　　　　）

時間 15分 ｜ 合かく 80点 ｜ ／100 ｜ 月　日

サクッと
こたえ
あわせ

答え 86ページ

わり算／たし算とひき算

1 次のわり算をしましょう。　　　　　　　　　　　　　　48点(1つ4)

① 8÷2　　　　② 54÷9　　　　③ 36÷4

④ 30÷6　　　　⑤ 18÷3　　　　⑥ 48÷6

⑦ 7÷7　　　　⑧ 0÷1　　　　⑨ 0÷4

⑩ 5÷1　　　　⑪ 40÷2　　　　⑫ 66÷6

2 えん筆が30本あります。１箱に６本ずつ分けると、何箱に分けることができますか。
　　　　　　　　　　　　　　　　　　　　13点(式8・答え5)

式

答え（　　　　　　　　）

3 筆算をしましょう。　　　　　　　　　　　　　　24点(1つ4)

①　　634　　　　②　　774　　　　③　　3728
　　＋277　　　　　　＋629　　　　　　＋5393

④　　923　　　　⑤　　1000　　　　⑥　　8545
　　－685　　　　　　－　403　　　　　　－1976

4 次の計算をくふうしてしましょう。　　　　　　　　15点(1つ5)

① 398+580　　　② 900-696　　　③ 62+564+38

28

時間 15分 ｜ 合かく 80点 ／100 ｜ 月　日

答え 86ページ

サクッと
こたえ
あわせ

表とグラフ／長さ

1 右のグラフは、先月、ひろみさんの学校の図書室で3年生にかし出した本の数を、しゅるいべつに表したものです。　50点（①20、②・③1つ15）

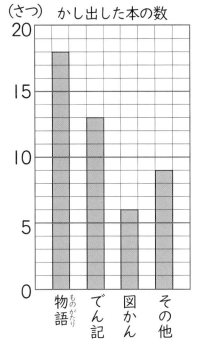

（さつ）　かし出した本の数

① グラフの1目もりは、何さつを表していますか。

（　　　　　　　　　　）

② かし出した「でん記」の本は、何さつですか。

（　　　　　　　　　　）

③ かし出した本の数がいちばん多いしゅるいは、何ですか。

（　　　　　　　　　　）

2 次の□にあてはまる数を書きましょう。　20点（全部できて1つ5）

① 2000m＝□km

② 8km＝□m

③ 1800m＝□km□m

④ 4km500m＝□m

3 右の地図で、みどりさんの家から水族館までの道のりときょりは、それぞれ何km何mですか。　30点（1つ15）

道のり　（　　　　　　　　　　）

きょり　（　　　　　　　　　　）

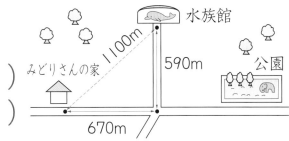

7　円と球

① 円
　　　　　　　　　　　　　　　……（1）

1 次の □ にあてはまることばを書きましょう。　📖教 上104ページ、108〜109ページ

40点（1つ10）

① 円の中心から円のまわりまで引いた直線を □ といいます。

② 1つの円では、半径の長さはみな □ なります。

③ 円の中心を通り、円のまわりから円のまわりまで引いた直線を、

□ といいます。

④ □ の長さは、半径の長さの2倍です。

［円をかく道具に、コンパスがあります。］

2 ⓐ、ⓘの円を、アの点を中心にかきましょう。　📖教 上106ページ❸　40点（1つ20）

ⓐ　半径1cmの円
ⓘ　半径2cmの円

ア
・

3 コンパスを使って、見本と同じもようをかきましょう。　📖教 上107ページ❶

20点

（見本）

教科書 📖 上102〜109ページ

7 円と球
① 円　　……(2)

❶ 次の円の直径の長さは、何cmですか。　📖教上109ページ▶　　20点

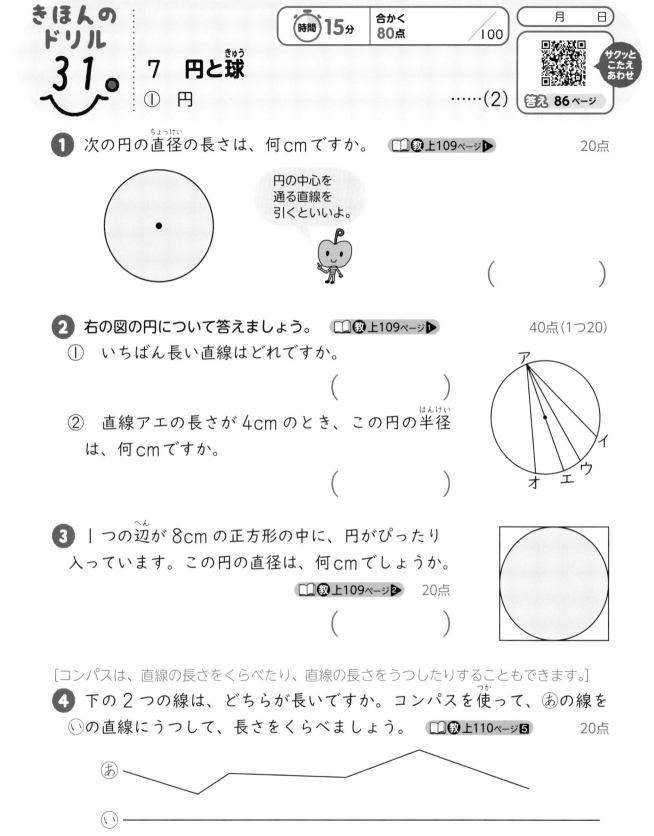

円の中心を
通る直線を
引くといいよ。

(　　　　　　)

❷ 右の図の円について答えましょう。　📖教上109ページ▶　　40点(1つ20)

① いちばん長い直線はどれですか。

(　　　　　　)

② 直線アエの長さが4cmのとき、この円の半径
は、何cmですか。

(　　　　　　)

❸ 1つの辺が8cmの正方形の中に、円がぴったり
入っています。この円の直径は、何cmでしょうか。

📖教上109ページ❷　20点

(　　　　　　)

[コンパスは、直線の長さをくらべたり、直線の長さをうつしたりすることもできます。]

❹ 下の2つの線は、どちらが長いですか。コンパスを使って、あの線を
いの直線にうつして、長さをくらべましょう。　📖教上110ページ❺　20点

あ

い ━━━━━━━━━━━━━━━━━━━━

(　　　　　　)

7　円と球
② 球

球
- ボールのような形で、どこから見ても
  円に見える形を、球といいます。
- 球をちょうど半分に切ったとき、切り
  口の円の中心、半径、直径を、それぞれ、
  この球の中心、半径、直径といいます。

中心
半径
直径

1 右の図は、球を半分に切った図です。次の問題に答えましょう。

📖教上112〜113ページ▶　80点(1つ20)

① ⓐの点を何といいますか。

（　　　　　　　）

② ⓘ、ⓤの直線を、それぞれ何といいますか。

ⓘ（　　　　　　　）

ⓤ（　　　　　　　）

③ この球の直径は、何cmですか。

（　　　　　　　）

2 次の㋐〜㋒のうち、球を切った切り口が、いちばん大きいのは、どのよ
うに切ったときですか。　📖教上112ページ▶　　20点

（　　　　　　　）

教科書 📖 上112〜113ページ

8 あまりのあるわり算

① あまりのあるわり算 ……(1) 答え 87ページ

[わり算をしてわり切れないときは、あまりを書きます。]

1 13このいちごを、4人に同じ数ずつ分けます。1人分は何こになって、何こあまりますか。 📖教上119〜120ページ**1**、121ページ**2** 40点(式20・答え20)

わる数のだんの
九九を使いましょう。

式　全部の数 ÷ 人数 = 1人分の数 あまり あまり

　13 ÷ 4 = ☐ あまり ☐

答え ☐ こになって、☐ こあまる

2 24このおはじきを、1人に5こずつ分けます。何人に分けられて、何こあまりますか。 📖教上119〜120ページ**1**、121ページ**2** 40点(式20・答え20)

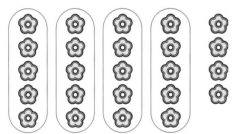
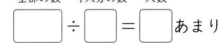

式　全部の数 ÷ 1人分の数 = 人数 あまり あまり

　☐ ÷ ☐ = ☐ あまり ☐

答え ☐ 人に分けられて、☐ こあまる

3 次の計算をしましょう。 📖教上120ページ 20点(1つ5)

① 8÷3= ☐ あまり ☐ 　　② 46÷5= ☐ あまり ☐

③ 12÷5= ☐ あまり ☐ 　　④ 23÷9= ☐ あまり ☐

サクッと
こたえ
あわせ
答え 87ページ

8 あまりのあるわり算
① あまりのあるわり算 ……(2)

[わり算のあまりはいつも、わる数より小さくなります。]

1 次の計算をしましょう。 📖教 上122ページ▶ 　　　20点(1つ5)

① 28÷6= □ あまり □ 　　② 23÷6= □ あまり □

③ 15÷6= □ あまり □ 　　④ 7÷6= □ あまり □

あまりはいつも、
わる数より小さいよ。

2 39このクッキーを、1ふくろに8こずつ入れると、何ふくろできて、
何こあまりますか。 📖教 上121ページ❷、122ページ❸ 　20点(式10・答え10)

式

　　　　答え （ 　　　　　　　　　　　 ）

3 33このみかんを、6こずつふくろに入れると、何ふくろできて、何こ
あまりますか。また、答えが正しいかたしかめましょう。 📖教 上123ページ❸

20点(式5・たしかめ5・答え10)

式　33÷6= 5 あまり 3

たしかめ　6× □ ＋ □ ＝33

〔1ふくろ分の数〕〔ふくろの数〕〔あまり〕〔全部の数〕

　　　　答え （ 　　　　　　　　　　　 ）

4 次の計算をしましょう。また、たしかめもしましょう。 📖教 上123ページ❷

40点(計算10・たしかめ10)

① 9÷5 　　　　　たしかめ （ 　　　　　　　　 ）

② 70÷8 　　　　　たしかめ （ 　　　　　　　　 ）

教科書 📖 上121〜123ページ

8 あまりのあるわり算
② いろいろな問題

[問題に合わせて、あまりをどうするか考えます。]

1 本が 32 さつあります。1 回に 6 さつずつ運ぶと、何回で全部運べますか。 📖教上124ページ1　　20点(式10・答え10)

式　32 ÷ 6 = ☐ あまり 2

☐ + 1 = ☐

答え（　　　　　　）

あまりの本を運ぶには、もう
1回運ばないといけないね。

2 41 ページある本を、1 日に 8 ページずつ読みます。全部のページを読むには、何日かかりますか。 📖教上124ページ1　　25点(式15・答え10)

式

答え（　　　　　　）

3 はるかさんの組の人数は 31 人です。 📖教上124ページ1

30点(①式10・答え10、②全部できて10)

① 7 人ずつのはんを作ると、何はんできて、何人のこりますか。

式

答え（　　　　　　　　　　　）

② のこりの人がないように、7 人のはんと 8 人のはんを作ることにすると、それぞれ何はんできますか。

7 人のはん（　　　　　　） 8 人のはん（　　　　　　）

4 シールを 7 まい集めると、おかし 1 ことひきかえてもらえます。
シールを 53 まいもっている人は、おかしを何こもらえますか。

📖教上124ページ2　　25点(式15・答え10)

式

答え（　　　　　　）

時間 **15**分 | 合かく **80**点 /**100** | 月 日

サクッと
こたえ
あわせ

答え **87**ページ

8 あまりのあるわり算

1 次の計算をしましょう。また、たしかめもしましょう。

60点(計算5・たしかめ5)

① $8 \div 3$　　　たしかめ　（　　　　　　　　　）

② $19 \div 6$　　　たしかめ　（　　　　　　　　　）

③ $23 \div 5$　　　たしかめ　（　　　　　　　　　）

④ $31 \div 9$　　　たしかめ　（　　　　　　　　　）

⑤ $60 \div 7$　　　たしかめ　（　　　　　　　　　）

⑥ $53 \div 8$　　　たしかめ　（　　　　　　　　　）

2 27本のえん筆を、1人に6本ずつ分けます。何人に分けられて、何本あまりますか。

15点(式10・答え5)

式

答え　（　　　　　　　　　　　　　　　）

3 よしえさんの組の人数は31人です。　25点(①式10・答え5、②全部できて10)

① 4人ずつのはんを作ると、何はんできて、何人のこりますか。

式

答え　（　　　　　　　　　　　　　　　）

② のこりの人がないように、4人のはんと5人のはんを作ります。それぞれ何はんできますか。

4人のはん　（　　　　　　　）　5人のはん　（　　　　　　　）

教科書 上118〜127ページ

9 （2けた）×（1けた）の計算

[10のかけ算を使って、（2けた）×（1けた）の計算をします。]

1 クッキーが1ふくろに12こずつ入っています。ふくろは3ふくろあります。クッキーは、全部で何こありますか。　📖教下3〜4ページ**1**　　50点

① クッキーの数をもとめる式を書きましょう。　　20点（□1つ10）

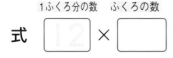

式　12 × □

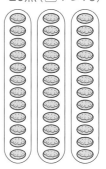

② 12×3の計算をしましょう。□にあてはまる数を書いて、答えをもとめましょう。　　30点（□1つ5・答え10）

12を2と10に分けて考えると、

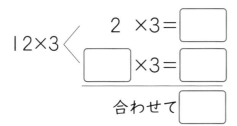

$$12×3 \begin{cases} 2 ×3= \boxed{} \\ \boxed{} ×3= \boxed{} \end{cases}$$

合わせて □

答え（　　　　　　　）

2 17×4の計算をしましょう。□にあてはまる数を書きましょう。
📖教下4ページ**1**④**5**　50点（□1つ10）

17を7と10に分けて考えると、

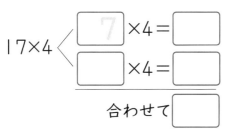

$$17×4 \begin{cases} 7 ×4= \boxed{} \\ \boxed{} ×4= \boxed{} \end{cases}$$

合わせて □

十の位と一の位に 分けて計算すると いいんだね。

時間 15分
合かく 80点 ／100

月　　日

サクッと
こたえ
あわせ
答え 88ページ

10　1けたをかけるかけ算
① 何十、何百のかけ算

[何十、何百のかけ算は、10や100のまとまりを考えて、九九を使って計算できます。]

1 1まい30円の画用紙を5まい買います。代金は、全部で何円ですか。

📖教 下6〜7ページ❶　20点（①全部できて10、②10）

① 代金をもとめる式を書きましょう。

式　[30] × [　]

② 代金をもとめましょう。

答え（　　　　　　）

2 1こ200円のアイスクリームを4こ買います。代金は、全部で何円でしょうか。

📖教 下6〜7ページ❶　20点（①全部できて10、②10）

① 代金をもとめる式を書きましょう。

式　[　] × [　]

② 代金をもとめましょう。

答え（　　　　　　）

3 次の計算をしましょう。　📖教 下7ページ▶、❷　　60点（1つ10）

①　20×2　　　　②　30×4　　　　③　40×5

④　400×2　　　⑤　200×6　　　⑥　500×6

きほんの
ドリル
39。

時間 15分 ｜ 合かく 80点 ／100 ｜ 月　日

サクッと
こたえ
あわせ
答え 88ページ

10 1けたをかけるかけ算
② （2けた）×（1けた）の計算 ……（1）

❶ 1本43円のえん筆を2本買います。代金は、全部で何円ですか。

📖教 下8〜9ページ❶　40点（①全部できて10、②□1つ5・答え5）

① 代金をもとめる式を書きましょう。

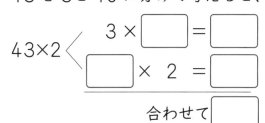

1本のねだん　　本数

式 ［43］×［　］

② □にあてはまる数を書いて、答えをもとめましょう。

43を3と40に分けて考えると、

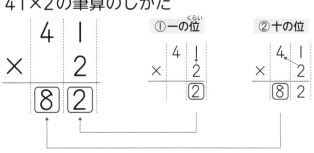

43×2 〈 3×［　］＝［　］
［　］×2＝［　］

合わせて［　］

答え（　　　　　　）

41×2の筆算のしかた

```
  4 1
× 　2
─────
  8 2
```

①一の位
```
  4 1
× 　2
─────
    2
```

②十の位
```
  4 1
× 　2
─────
  8 2
```

かける数のだんの
九九を使うと
べんりだね。

❷ 次の筆算をしましょう。　📖教 下10ページ❶　60点（1つ10）

①
```
  3 1
× 　2
─────
  6 2
```

②
```
  2 2
× 　4
─────
```

③
```
  2 1
× 　3
─────
```

④
```
  1 2
× 　4
─────
```

⑤
```
  3 2
× 　3
─────
```

⑥
```
  4 2
× 　2
─────
```

きほんの
ドリル
40

時間 15分 ｜ 合かく 80点 ／100 ｜ 月　日

サクッと
こたえ
あわせ
答え 88ページ

10　1けたをかけるかけ算
② （2けた）×（1けた）の計算 ……(2)

[十の位を計算して2けたになると、百の位にくり上がります。]

❶ 次の筆算をしましょう。　📖教下11ページ❸❶❷❸　　52点（①4、②〜⑨1つ6）

①
```
    8 4
×     2
─────
  1 6 8
```

②
```
    1 4
×     6
─────
  □ □
```

③
```
    6 8
×     4
─────
□ □ □
```

④
```
  4 0
× 5
```

⑤
```
  3 9
× 2
```

⑥
```
  7 9
× 6
```

⑦
```
  6 3
× 3
```

⑧
```
  1 8
× 5
```

⑨
```
  8 4
× 9
```

❷ 次の筆算をしましょう。　📖教下12ページ❸❹　　48点（1つ8）

①
```
    6 4
×     8
─────
□ □ □
```

②
```
  3 7
× 6
```

③
```
  4 7
× 9
```

④
```
  7 8
× 4
```

⑤
```
  8 5
× 6
```

⑥
```
  2 9
× 7
```

くり上がりの数を
わすれないように
しよう。

教科書 📖 下11〜12ページ

時間 15分 | 合かく 80点 | /100

 サクッと こたえ あわせ 答え 88ページ

10　1けたをかけるかけ算
③　（3けた）×（1けた）の計算　……（1）

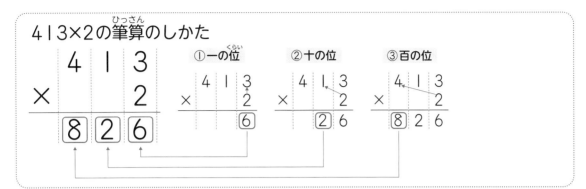

413×2の筆算のしかた

1 次の筆算をしましょう。 📖教下14ページ❷　　　70点（1つ10）

①
```
    1 2 3
  ×     2
  [2][4][6]
```

②
```
    2 1 3
  ×     3
  [ ][ ][ ]
```

③
```
    4 3 1
  ×     2
  [ ][ ][ ]
```

④
```
    2 1 2
  ×     4
```

⑤
```
    1 4 3
  ×     2
```

⑥
```
    2 2 1
  ×     3
```

⑦
```
    3 2 1
  ×     2
```

一の位からじゅんに
計算しましょう。

［3けた×1けたのかけ算では、答えが4けたになる計算があります。］

2 次の筆算をしましょう。 📖教下14ページ▶　　　30点（1つ10）

①
```
    9 3 4
  ×     2
 [1][8][6][8]
```

②
```
    8 9 1
  ×     4
```

③
```
    7 2 9
  ×     2
```

時間 15分 | 合かく 80点 | /100 | 月 日

サクッと
こたえ
あわせ

答え 89ページ

10 1けたをかけるかけ算
③ （3けた）×（1けた）の計算 ……(2)

[3けた×1けたのかけ算では、答えが4けたになる計算があります。]

1 次の筆算をしましょう。 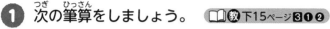 教 下15ページ❸❶❷　70点（1つ7）

①
```
    3 8 5
×       6
  2 3 1 0
```

②
```
    3 3 6
×       3
```

③
```
    4 2 6
×       7
```

④
```
    7 6 9
×       8
```

⑤
```
    8 3 4
×       6
```

⑥
```
    3 4 6
×       3
```

⑦
```
    7 8 9
×       7
```

⑧
```
    3 4 5
×       5
```

⑨
```
    9 6 7
×       2
```

⑩
```
    6 4 6
×       3
```

2 次の筆算をしましょう。 教 下15ページ❸❸、16ページ▶　30点（1つ10）

①
```
    6 4 0
×       2
```

②
```
    9 0 8
×       5
```

③
```
    8 0 0
×       4
```

教科書  下15〜16ページ

きほんの
ドリル
43。

時間 15分 ／ 合かく 80点 ／100

月　日

サクッと
こたえ
あわせ

答え 89ページ

10　1けたをかけるかけ算

④　暗算

[暗算では、先に十の位から計算すると、およその大きさがわかります。]

❶ 次の計算を暗算でしましょう。 📖教下16ページ❶、▶　　40点(1つ10)

① 28×3=[　　　]
(1)(2)

② 28×3=[　　　]
(1)(2)

③ 69×4=[　　　]
(1)(2)

④ 69×4=[　　　]
(1)(2)

13×2 の暗算のしかた

13×2　(1)二三が 6
(1)(2)　(2)二一が 2、20
　　　　(3)6+20=26

どちらのしかた
でも、答えは同
じだね。

❷ 次の計算を暗算でしましょう。 📖教下16ページ❷　　60点(1つ10)

①　33×2

②　14×6

③　23×4

④　56×4

⑤　78×5

⑥　35×6

10 1けたをかけるかけ算

1 次の筆算をしましょう。　　　　　　　　　　　　30点(1つ5)

①
$$\begin{array}{r} 37 \\ \times\ \ 2 \\ \hline \end{array}$$

②
$$\begin{array}{r} 62 \\ \times\ \ 4 \\ \hline \end{array}$$

③
$$\begin{array}{r} 83 \\ \times\ \ 3 \\ \hline \end{array}$$

④
$$\begin{array}{r} 78 \\ \times\ \ 6 \\ \hline \end{array}$$

⑤
$$\begin{array}{r} 29 \\ \times\ \ 8 \\ \hline \end{array}$$

⑥
$$\begin{array}{r} 46 \\ \times\ \ 9 \\ \hline \end{array}$$

2 次の筆算をしましょう。　　　　　　　　　　　　30点(1つ5)

①
$$\begin{array}{r} 232 \\ \times\ \ \ \ 3 \\ \hline \end{array}$$

②
$$\begin{array}{r} 975 \\ \times\ \ \ \ 2 \\ \hline \end{array}$$

③
$$\begin{array}{r} 836 \\ \times\ \ \ \ 6 \\ \hline \end{array}$$

④
$$\begin{array}{r} 410 \\ \times\ \ \ \ 8 \\ \hline \end{array}$$

⑤
$$\begin{array}{r} 607 \\ \times\ \ \ \ 7 \\ \hline \end{array}$$

⑥
$$\begin{array}{r} 300 \\ \times\ \ \ \ 9 \\ \hline \end{array}$$

3 次の計算を暗算でしましょう。　　　　　　　　　20点(1つ10)

① 24×4　　　　　　　　　② 45×6

4 1本936円のかさを8本買いました。代金は、全部で何円ですか。

20点(式10・答え10)

式

答え（　　　　　　　　　）

教科書 **下6〜19ページ**

時間 15分 ｜ 合かく 80点 ／100 ｜ 月　日

サクッと
こたえ
あわせ

答え 89ページ

11 大きい数
① 千の位をこえる数

[千が 10 こで一万になります。1 万や 10000 と書きます。]

1 紙は、全部で何まいありますか。　📖教下21〜22ページ**1**　　　全部できて20点

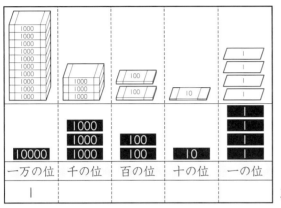

一万の位	千の位	百の位	十の位	一の位
1				

まい

1000 のたばが 10 こで、
1 万だよ。

[一万を 2 こ集めた数を二万といい、20000 と書きます。]

2 次の数を数字で書きましょう。　📖教下22ページ▶、**2**、24ページ**2**　　60点(1つ10)

① 一万を 5 こと、千を 6 こと、百を 7 こと、十を 9 こと、一を 3 こ
合わせた数。　　　　　　　　　　　　　　（　　　　　　　）

② 一万を 9 こと、十を 2 こ合わせた数。　（　　　　　　　）

③ 一万を 6 こ集めた数。　　　　　　　　（　　　　　　　）

④ 三万千五百八十二　　　　　　　　　　（　　　　　　　）

⑤ 八万千八百五　　　　　　　　　　　　（　　　　　　　）

⑥ 七千三百四十五万　　　　　　　　　　（　　　　　　　）

3 次の□にあてはまる数を書きましょう。　📖教下23〜24ページ**2**

20点(全部できて10点)

① 540923 は、十万を □ こと、一万を □ こと、百を □ こと、十
を □ こと、一を □ こ合わせた数です。

② 83450000 は、千万を □ こと、百万を □ こと、十万を □ こと、
一万を □ こ合わせた数です。

時間 15分 | 合かく 80点 | /100

月 日

サクッと
こたえ
あわせ
答え 90ページ

11 大きい数
② 大きい数のしくみ

1 72340000 について、答えましょう。 📖 教 下25ページ**1**、▶ 30点(1つ15)

① 10000 を何こ集めた数ですか。 ( )

② 1000 を何こ集めた数ですか。 ( )

2 2つの数直線(ア)、(イ)を見て、次の問題に答えましょう。

📖 教 下26ページ**2**、27ページ**2** 30点(1つ5)

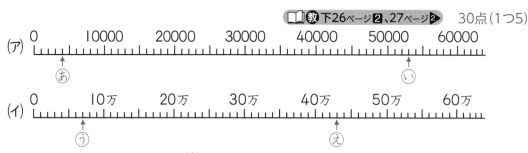

① 1目もりは、いくつを表していますか。

(ア) ( ) (イ) ( )

② あ、い、う、えは、どんな数を表していますか。

あ ( ) い ( ) う ( ) え ( )

3 次の □ にあてはまる数を書きましょう。 📖 教 下27ページ**3** 20点(□1つ5)

① 99997－99998－ □ －100000－ □ －100002

② 485万－490万－ □ －500万－ □ －510万

[千万を 10 こ集めた数を、100000000(1億)と書き、一億と読みます。]

4 100000000 は、百万が何こ集まった数ですか。 📖 教 下27ページ**4** 10点

( )

[>、<は、不等号といいます。不等号は、右がわと左がわの数や式の大小を表すしるしです。]

5 次の □ にあてはまる不等号を書きましょう。 📖 教 下28ページ▶、**2** 10点(1つ5)

① 62100 □ 52300 ② 29030 □ 29300

教科書 📖 下25～28ページ

11　大きい数

③　10倍、100倍、1000倍の数と10でわった数

[10倍すると、どの数字も位が1つ上がって、右に0が1こふえます。]

1 15の10倍はいくつですか。　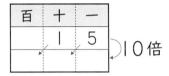教下29ページ**1**、▶　　全部できて15点

百	十	一
	1	5

）10倍

（　　　　　）

[100倍すると、どの数字も位が2つ上がって、右に0が2こふえます。]

2 15の100倍はいくつですか。　教下30ページ**2**　　全部できて20点

千	百	十	一
		1	5

）10倍
）10倍
100倍

（　　　　　）

3 次の数を100倍、1000倍した数をもとめましょう。　教下30ページ**4**、**5**

30点（1つ5）

① 80　　100倍（　　　　　）、1000倍（　　　　　）

② 53　　100倍（　　　　　）、1000倍（　　　　　）

③ 409　　100倍（　　　　　）、1000倍（　　　　　）

[一の位に0のある数を10でわると、どの数字も位が1つ下がり、右はしの0が1こへります。]

4 250を10でわると、いくつですか。　教下31ページ**2**　　全部できて20点

百	十	一
2	5	0

）10でわる

（　　　　　）

5 次の数を10でわった数をもとめましょう。　教下31ページ▶　　15点（1つ5）

① 600　（　　　　　）　② 4000　（　　　　　）

③ 7300　（　　　　　）

きほんのドリル 48

答え **90**ページ

11 大きい数

④ 大きい数のたし算とひき算

1万より大きい数のたし算やひき算のしかた

●2460000+1230000=3690000

　　246万 ＋ 123万 ＝ 369万

1万を1つ分として
考えて計算しよう。

---

1 次の計算をしましょう。　教下32ページ❶、▶、❷　　60点(1つ10)

① 320000+250000　　　② 510000−190000

③ 5930000+2480000　　④ 6570000−3890000

⑤ 3000万 +4000万　　　⑥ 2100万 −1800万

9254+8613の計算のしかた

```
    9 2 5 4
 +  8 6 1 3
 ⎣1⎦⎣7⎦⎣8⎦⎣6⎦⎣7⎦
```

① 一の位	② 十の位	③ 百の位	④ 千の位
4	5	2	9
+ 3	+ 1	+ 6	+ 8
⎣7⎦	⎣6⎦	⎣8⎦	⎣1⎦⎣7⎦

9+8=17だから、
千の位は7、
万の位は1です。

---

2 次の筆算をしましょう。　教下33ページ❹　　40点(1つ10)

①
```
   7 3 2 9
 + 4 5 6 1
```

②
```
   6 8 3 1
 + 5 4 2 7
```

③
```
   3 6 9 7
 − 2 1 5 4
```

④
```
   8 6 7 1
 − 4 2 9 3
```

教科書 下32〜33ページ

12　小数

① はしたの表し方　……(1)

| 1dL | 1dL より少なく、はしただけのかさは、小さい目もり4こ分だから、0.4dL と書き、「れい点四デシリットル」と読みます。 |

1 次の入れ物に入っている水のかさは、何dLですか。　📖教下39〜40ページ**1**、▶

60点(1つ20)

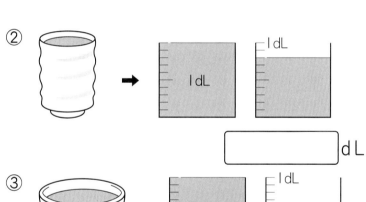

①
→ 1dL ｜ 1dL ｜ 1dL

［　　　　　　　　　］dL

②
→ 1dL ｜ 1dL

［　　　　　　　　　］dL

③
→ 1dL ｜ 1dL

［　　　　　　　　　］dL

1.3、0.5 などの数を小数というね。

1.3
⋮
小数点

また、0、1、8、120 などの数を整数というよ。

2 何dLでしょうか。小数で表しましょう。　📖教下41ページ**2**　40点(1つ10)

① 0.1dLの5こ分のかさ。　　　　　　　　（　　　　　　）

② 0.1dLの8こ分のかさ。　　　　　　　　（　　　　　　）

③ 1dLと0.2dLを合わせたかさ。　　　　　（　　　　　　）

④ 2dLと0.7dLを合わせたかさ。　　　　　（　　　　　　）

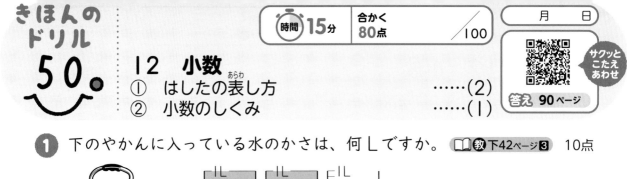

12　小数
① はしたの表し方 ……(2)
② 小数のしくみ ……(1)

❶ 下のやかんに入っている水のかさは、何Lですか。　📖教下42ページ❸　10点

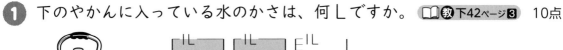

（　　　　　）

❷ 次の数直線で、①〜③は、何cmを表していますか。　📖教下42ページ▶

30点(1つ10)

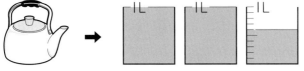

①（　　　　　）　②（　　　　　）　③（　　　　　）

❸ 次の数直線で、①〜③は、何mを表していますか。　📖教下42ページ❷

30点(1つ10)

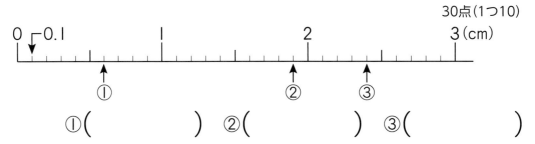

①（　　　　　）　②（　　　　　）　③（　　　　　）

❹ 次の□にあてはまる数を書きましょう。　📖教下44ページ❷、▶　30点(1つ10)

① 1.9dL は、0.1dL が □ こ分。

② 0.1dL の31こ分で、□ dL。

③ 1dL の3こ分と、0.1dL の4こ分を合わせて □ dL。

教科書 📖 下42〜44ページ

時間 15分 | 合かく 80点 /100 | 月 日

サクッと こたえ あわせ

答え 90ページ

12 小数
② 小数のしくみ ……(2)

1 下の数直線で、↑の表している小数を書きましょう。 📖教下45ページ❸、▶

20点（1つ5）

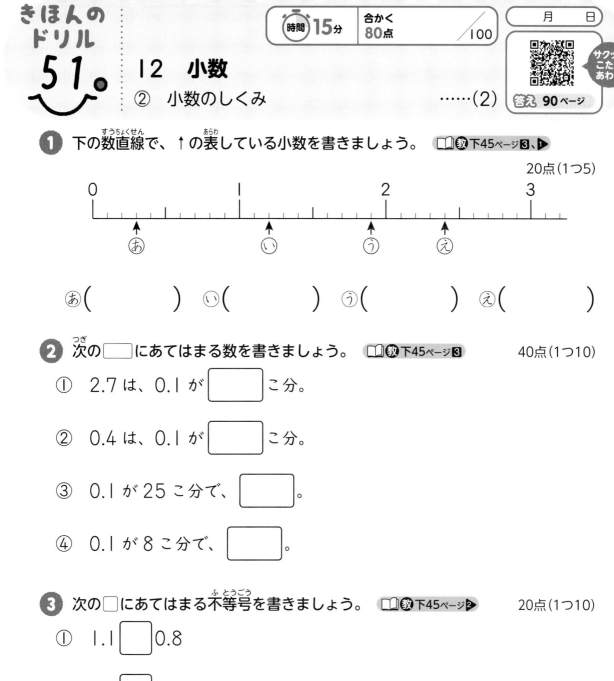

あ（　　　） い（　　　） う（　　　） え（　　　）

2 次の□にあてはまる数を書きましょう。 📖教下45ページ❸ 40点（1つ10）

① 2.7 は、0.1 が □ こ分。

② 0.4 は、0.1 が □ こ分。

③ 0.1 が 25 こ分で、□。

④ 0.1 が 8 こ分で、□。

3 次の□にあてはまる不等号を書きましょう。 📖教下45ページ❷ 20点（1つ10）

① 1.1 □ 0.8

② 4.9 □ 5.1

4 次の□にあてはまる数を書きましょう。 📖教下45ページ❸ 20点（1つ10）

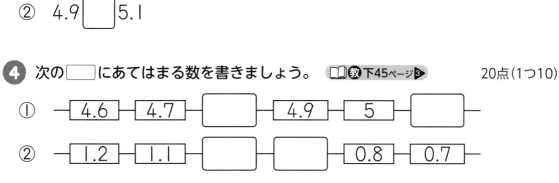

① 4.6 — 4.7 — □ — 4.9 — 5 — □

② 1.2 — 1.1 — □ — □ — 0.8 — 0.7

教科書 📖 下45ページ

12 小数
③ 小数のたし算とひき算 ……（1）

❶ 2つのびんに水が 0.5L と 0.3L 入っています。
合わせて何 L ですか。　📖教下46ページ❶、▶

50点（①10・②□1つ10・答え10）

① 式を書きましょう。

式 [0.5＋0.3]

② 0.1 がいくつ分になるかを考えて、答えをもとめましょう。

0.5 は、0.1 が [　] こ分、0.3 は、0.1 が [　] こ分。

合わせて、0.1 が（5＋[　]）こ分。

答え （　　　　　　）

[小数も、位をそろえて書くと、整数と同じように筆算で計算できます。]

いろいろなたし算

① 0.5＋0.7
```
  0.5
+ 0.7
─────
  1.2
```
1 より大きくなると
一の位にくり上がる。

② 3.6＋0.4
```
  3.6
+ 0.4
─────
  4.0
```
小数の位のさいごが
0になったら、その0を
線をひいて消す。

③ 2＋0.3
```
  2
+ 0.3
─────
  2.3
```
位をそろえて計算
する。

❷ 次の計算を筆算でしましょう。　📖教下47ページ▶、❷

50点（1つ10）

① 0.4＋0.9
```
  0.4
+ 0.9
```

② 5.7＋2.5
```
  5.7
+ 2.5
```

③ 3.8＋0.3
```
  3.8
+ 0.3
```

④ 1.4＋7.6
```
  1.4
+ 7.6
```

⑤ 5＋0.2
```
  5
+ 0.2
```

位をそろえて
計算するのね。

教科書 📖 **下46〜47ページ**

12　小数

③　小数のたし算とひき算　……(2)

いろいろなひき算

① 5.3−1.8

```
  5.3
 −1.8
 ─────
  3.5
```

くり下がりがある
ひき算。

② 2.1−1.6

```
  2.1
 −1.6
 ─────
  0.5
```

答えの一の位が 0 の
ときは 0. と書く。

③ 3−1.4

```
  3.0
 −1.4
 ─────
  1.6
```

3は、3.0 と考えて
計算する。

---

❶ 次の計算を筆算でしましょう。 📖教下48ページ❸、▶　　50点(1つ10)

① 0.8−0.2

```
  0.8
 −0.2
 ────
```

② 4.5−2.1

```
  4.5
 −2.1
 ────
```

③ 5.7−0.4

```
  5.7
 −0.4
 ────
```

④ 3.2−1.5

```
  3.2
 −1.5
 ────
```

⑤ 6.3−0.7

```
  6.3
 −0.7
 ────
```

---

❷ 次の計算を筆算でしましょう。 📖教下48ページ▶　　50点(1つ10)

① 4.8−2.3

② 3.4−1.8

③ 8.2−0.6

④ 5.7−4.9

⑤ 7−6.2

13　三角形と角
①　二等辺三角形と正三角形

❶ □にあてはまることばを書きましょう。 📖教下53ページ❶、54～56ページ❷

40点(1つ20)

①　2つの辺の長さが等しい三角形を、□□□□□□□□□といいます。

②　3つの辺の長さが等しい三角形を、□□□□□□□□□といいます。

⚠️ミスに注意!

❷ 下の三角形の中で、二等辺三角形はどれですか。

また、正三角形はどれですか。全部えらんで、あ～くで答えましょう。

📖教下57ページ▶、❷　60点(全部できて1つ30)

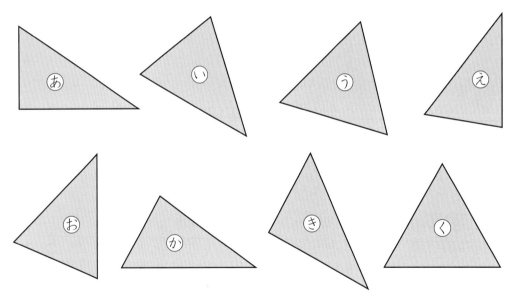

コンパスを使って
調べてみましょう。

二等辺三角形　(　　　　　　　　　)

正三角形　(　　　　　　　　　)

教科書 📖 下52～57ページ

13 三角形と角
② 三角形のかき方

[コンパスを使って、三角形をかくことができます。]

1 次の三角形をかきましょう。　📖教下58ページ**1**、▶、59ページ**2**、▶　　40点(1つ20)

① 3つの辺の長さが、5cm、4cm、4cmの二等辺三角形。

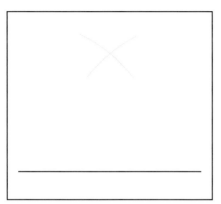

② 1つの辺の長さが4cmの正三角形。

2 右の円は直径6cmで、点アは、円の中心です。　📖教下60ページ**3**　40点(1つ20)

① あは、何という三角形でしょうか。

(　　　　　　　　　　)

② いは、何という三角形でしょうか。

(　　　　　　　　　　)

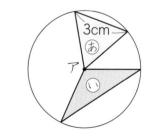

⚠️ミスに注意!

3 長方形の紙をきちんと2つにおって、点線のところで切って広げます。何という三角形ができますか。　📖教下61ページ**4**　　20点

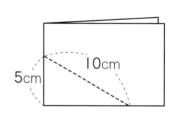

(　　　　　　　　　　)

サクッと
こたえ
あわせ
答え 91ページ

13　三角形と角
③　三角形と角

1 次の角の大きさをくらべると、あ、いのどちらが大きいですか。

教下63ページ❷　　10点

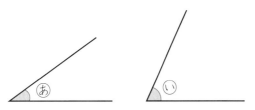

（　　　　　）

[二等辺三角形と正三角形の角のとくちょうをおぼえます。]

2 □にあてはまる数を書きましょう。　教下63〜64ページ❷　　40点(□1つ20)

① 二等辺三角形では、□つの角の大きさは等しいです。

② 正三角形では、□つの角の大きさはどれも等しいです。

3 いの角と等しい大きさの角を全部書きましょう。　教下63〜64ページ❷

40点(1つ20)

①

5cm　5cm
3cm
あ い う

（　　　　　）

②

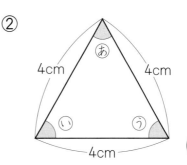

4cm　4cm
4cm
あ い う

（　　　　　）

4 同じ三角じょうぎを2まい使って、正三角形を作ります。どちらの三角じょうぎを使えばよいでしょうか。あ、いで答えましょう。

あ　　　　　い

教下65ページ▶　　10点

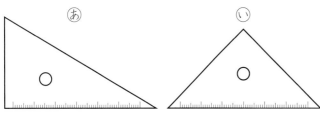

（　　　　　）

教科書 📖 下62〜65ページ

冬休みの
ホームテスト

57。

円と球／あまりのあるわり算
| けたをかけるかけ算

時間 **15**分　合かく **80**点　／100

月　日

サクッと
こたえ
あわせ
答え **92**ページ

 1 右の図を見て答えましょう。　　　　　　　　20点(1つ5)

① 右の図のような形を、何といいますか。

(　　　　　　　　　)

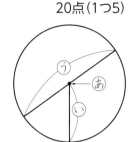

② ㋐の点や、㋑、㋒の直線は、それぞれ何といいま
すか。

㋐(　　　　　　　) ㋑(　　　　　　　)

㋒(　　　　　　　)

2 次の計算をしましょう。また、たしかめもしましょう。　40点(計算5・たしかめ5)

① 14÷3　　　　　たしかめ (　　　　　　　　　　　)

② 65÷7　　　　　たしかめ (　　　　　　　　　　　)

③ 22÷6　　　　　たしかめ (　　　　　　　　　　　)

④ 52÷8　　　　　たしかめ (　　　　　　　　　　　)

 3 41このゼリーを、6人で同じ数ずつ分けます。|人分は、何こになっ
て何こあまりますか。　　　　　　　　　　10点(式5・答え5)

式

答え (　　　　　　　　　　　　)

 4 次の筆算をしましょう。　　　　　　　　30点(1つ5)

①　　 19
　　×　5

②　　 97
　　×　8

③　　 59
　　×　7

④　 243
　×　 2

⑤　 874
　×　 7

⑥　 708
　×　 4

冬休みのホームテスト

58. 大きい数／小数／三角形と角

時間 15分　合かく 80点　／100

月　日

サクッとこたえあわせ

答え 92ページ

1 下の数直線を見て、次の問題に答えましょう。　20点(1つ10)

100万
200万
300万
400万
500万
600万
あ

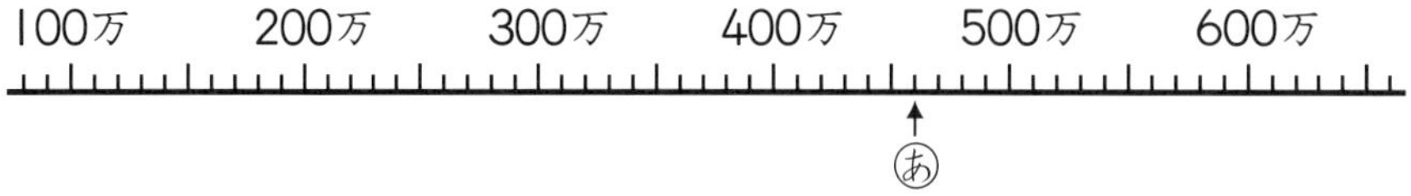

① 1目もりは、いくつを表していますか。　(　　　　)

② あは、どんな数を表していますか。　(　　　　)

2 次の数を数字で書きましょう。　30点(1つ10)

① 65を10倍した数　(　　　　)

② 900を100倍した数　(　　　　)

③ 280を10でわった数　(　　　　)

3 次の計算をしましょう。　30点(1つ5)

① $0.6 + 0.7$

② $4.4 + 2.8$

③ $7.8 + 1.2$

④ $1.3 - 0.8$

⑤ $5.4 - 4.8$

⑥ $9 - 8.2$

4 次の三角形を、コンパスとじょうぎを使ってかきましょう。　20点(1つ10)

① 3つの辺の長さが、4cm、3cm、3cmの二等辺三角形。

② 1つの辺の長さが3cmの正三角形。

14　2けたをかけるかけ算
①　何十をかけるかけ算

> [(1けた)×(何十)の計算は、(1けた)×(1けた)の答えの右に 0 を 1つつけます。]
> [(何十)×(何十)の計算は、(1けた)×(1けた)の答えの右に 0 を 2つつけます。]

1 えんぴつが 1 箱に 6 本ずつ入っています。箱は 20 箱あります。えんぴつは、全部で何本ありますか。　📖教下73～74ページ**1**

25点(式全部できて15・答え10)

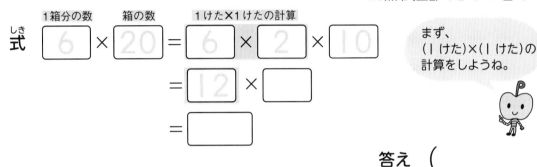

1箱分の数　箱の数　1けた×1けたの計算

式　[6] × [20] = [6] × [2] × [10]
　　　= [12] × [ ]
　　　= [ ]

> まず、
> (1けた)×(1けた)の
> 計算をしようね。

答え（　　　　　　）

2 60×20 の計算をしましょう。□にあてはまる数を書きましょう。

📖教下75ページ▶　30点(□1つ5)

60×20=6×[ ]×2×[ ]

　　　=6×2×[ ]×[ ]

　　　=12×[ ]

　　　=[ ]

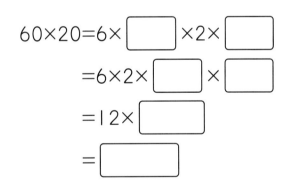

> 60×20 の計算は、
> 6×2 の 100 倍と
> 考えましょう。

3 次の計算をしましょう。　📖教下75ページ**3**　　45点(1つ5)

① 2×40　　② 3×80　　③ 6×50

④ 9×70　　⑤ 30×20　　⑥ 60×80

⑦ 70×50　　⑧ 40×90　　⑨ 90×60

きほんの
ドリル
60。

 時間 15分　合かく 80点 ／100　月　日

サクッと
こたえ
あわせ

答え 92ページ

14　2けたをかけるかけ算

② （2けた）×（2けた）の計算　……（1）

1 24×12 の計算のしかたを考えましょう。□にあてはまる数を書きましょう。

📖教下76ページ❶❸❹　70点（①□1つ10・②全部できて20）

① 12 を ⎡10⎤ と 2 に分けて考えます。

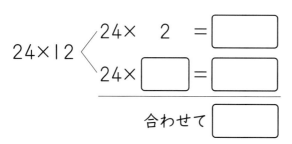

24×12 ⎰ 24× 2 ＝ □
　　　⎱ 24× □ ＝ □

　　　　　合わせて □

② 筆算のしかたは次のようになります。

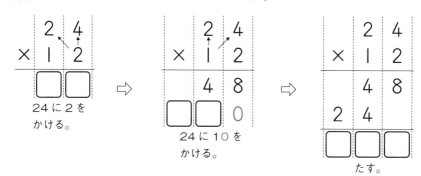

```
   2 4        2 4        2 4
×  1 2     ×  1 2     ×  1 2
-------    -------    -------
□ □          4 8          4 8
24に2を    □ □ 0      2 4
かける。    24に10を    -------
           かける。    □ □ □
                        たす。
```

2 次の筆算をしましょう。📖教下77ページ▶、78ページ❷　30点（1つ10）

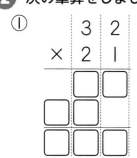

①
```
   3 2
×  2 1
-------
  □ □
□ □
□ □ □
```

②
```
   2 8
×  3 2
-------
  □ □
□ □
□ □ □
```

③
```
   1 6
×  4 8
-------
  □ □
□ □
□ □ □
```

教科書 📖 下76〜78ページ

時間 15分　合かく 80点 ／100　月　日

サクッと
こたえ
あわせ

答え 93ページ

14　2けたをかけるかけ算
② （2けた）×（2けた）の計算　……(2)

1 次の筆算をしましょう。　📖教下78ページ②　30点(1つ10)

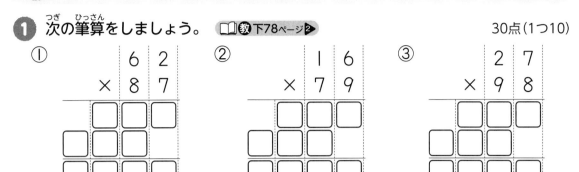

①
```
    6 2
  × 8 7
```

②
```
    1 6
  × 7 9
```

③
```
    2 7
  × 9 8
```

[かける数に0があるときは、先に十の位の計算をして、あとで0を書きます。]

2 次の計算を、あといのしかたでしましょう。　📖教下79ページ③、▶

40点（あ・い 1つ10）

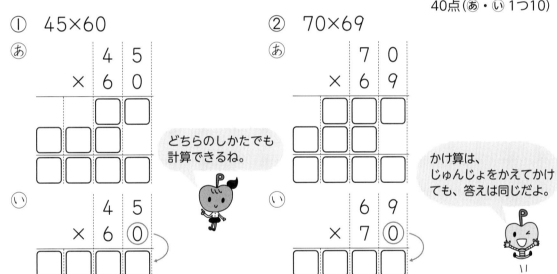

① 45×60

あ
```
    4 5
  × 6 0
```

い
```
    4 5
  × 6 ⓪
```

どちらのしかたでも
計算できるね。

② 70×69

あ
```
    7 0
  × 6 9
```

い
```
    6 9
  × 7 ⓪
```

かけ算は、
じゅんじょをかえてかけ
ても、答えは同じだよ。

3 次の計算を筆算でしましょう。　📖教下78ページ③、79ページ②　30点(1つ10)

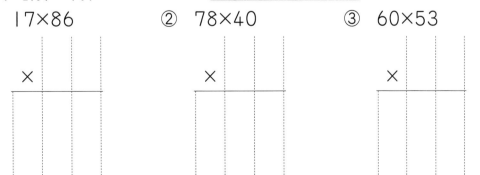

① 17×86

② 78×40

③ 60×53

14 2けたをかけるかけ算
③ （3けた）×（2けた）の計算／④ 暗算

1 213×32 の計算のしかたを考えましょう。□にあてはまる数を書きましょう。

📖教下80ページ❶❸❹　45点（①□1つ5・②全部できて20）

① 32 を 2 と 30 に分けて考えます。

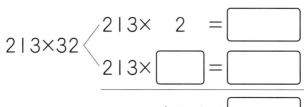

213×32 {
213× 2 = [　]
213× [　] = [　]
}

合わせて [　]

> 213×30 は
> 213×3 の10倍と考えて
> 計算するよ。

② 筆算のしかたは次のようになります。

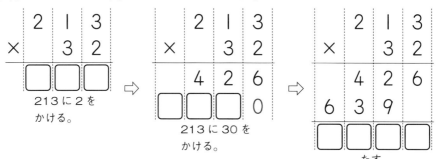

```
  2 1 3        2 1 3        2 1 3
× 3 2      × 3 2      × 3 2
□□□        4 2 6        4 2 6
213に2を     □□□ 0      6 3 9
かける。     213に30を     □□□□
            かける。       たす。
```

2 次の計算を筆算でしましょう。 📖教下80ページ▶、81ページ▶、❸　25点（1つ5）

① 413×21　　② 279×63　　③ 415×28

④ 503×50　　⑤ 800×80

⚠ミスに注意！
3 次の計算を暗算でしましょう。 📖教下82ページ　30点（1つ10）

① 25×40　　② 5×13×2　　③ 25×15×4

教科書 📖 下80〜82ページ

14 2けたをかけるかけ算

1 次の計算をしましょう。 30点(1つ10)
① 8×40　　② 60×50　　③ 80×90

2 次の筆算をしましょう。 30点(1つ5)

① 　14
　×21

② 　74
　×69

③ 　67
　×89

④ 　89
　×70

⑤ 　523
　× 12

⑥ 　680
　× 38

3 次の計算を筆算でしましょう。 30点(1つ10)
① 38×24　　② 46×97　　③ 405×60

4 次の計算を暗算でしましょう。 10点(1つ5)
① 4×7×50　　② 20×12×5

教科書 下72～85ページ

時間 **15**分　合かく **80**点　／**100**　　月　日

サクッと
こたえ
あわせ

15 分数
① 分数

……(1)　答え **94**ページ

> 1mを3等分した1こ分の長さを、「三分の一メートル」といい、$\frac{1}{3}$mと書きます。また、3こ分で1mになるはしたの長さは、1mを3等分した1こ分の長さと同じです。はしたの長さは、$\frac{1}{3}$mです。

❶ 次の長さは、何mですか。　📖教 下87〜88ページ❶、▶　　100点(1つ25)

① 1mを2等分した1こ分の長さ。

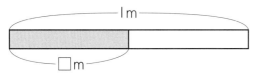

$\dfrac{1}{2}$m

② 1mを9等分した1こ分の長さ。

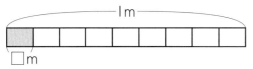

(　　　)m

③ 6こ分で1mになるはしたの長さ。

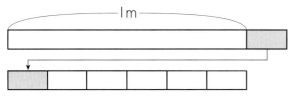

(　　　)m

④ 8こ分で1mになるはしたの長さ。

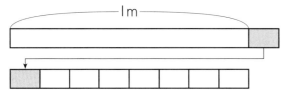

(　　　)m

> ある大きさを3等分した1つ分の大きさを、もとの大きさの$\frac{1}{3}$の大きさと表すことは、2年で勉強したね。おぼえてたかな。

教科書 📖 **下86〜88ページ**

15 分数
① 分数 ……(2)

$\dfrac{2}{3}$ …分子(ぶんし) …分母(ぶんぼ)

$\dfrac{1}{2}$ や $\dfrac{1}{3}$、$\dfrac{2}{4}$ のような数を分数といいます。線の下の数を分母といい、線の上の数を分子といいます。

分母は、もとになる大きさを何等分したかを表し、分子は、それを何こ集めたかを表しています。

1 次のそれぞれのかさにあたるところに、色をぬりましょう。　📖教下90ページ5

30点(1つ10)

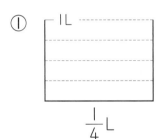

① 1L　$\dfrac{1}{4}$ L

② 1L　$\dfrac{2}{3}$ L

③ 1L　$\dfrac{3}{5}$ L

2 次のかさや長さを、分数で表しましょう。　📖教下89ページ1、2、90ページ4

40点(1つ10)

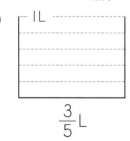

① 1dL　(　　　)dL

② 1dL　(　　　)dL

③ 1m

$\Box$ m

(　　　)m

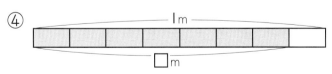

④ 1m

$\Box$ m

(　　　)m

3 1mのテープを9こに等しく分けたとき、その4こ分の長さは何mですか。　📖教下90ページ3

30点

(　　　　　)

15 分数
② 分数のしくみ　　　　……(1)

❶ 右の図は、1mを7こに等しく分けた長さです。次の問題に答えましょう。

教下92ページ❶、▶　60点(1つ15)

① $\frac{4}{7}$ m は、$\frac{1}{7}$ m の何こ
分ですか。

（　　　　）こ分

② □にあてはまる数を
書きましょう。

（　　　　）

③ 1m は、$\frac{1}{7}$ m の何こ
分ですか。

（　　　　）こ分

④ $\frac{4}{7}$ m と $\frac{5}{7}$ m では、どちらが長いですか。

（　　　　）m のほうが長い。

[分母と分子が同じ数のときは、1と等しくなります。]

❷ $\frac{1}{5}$ L の 5 こ分は、何 L ですか。　教下92ページ▶　　全部できて10点

$\frac{1}{5}$ L の 5 こ分 → $\dfrac{\Box}{\Box}$ L ＝ $\Box$ L

❸ 次の□にあてはまる不等号を書きましょう。　教下92ページ❷　30点(1つ15)

① $\frac{4}{5}$ m $\Box$ $\frac{3}{5}$ m

② $\frac{6}{7}$ dL $\Box$ 1dL

教科書 📖 下92ページ

時間 15分　合かく 80点　／100

月　日

 サクッと こたえ あわせ　答え 94ページ

15 分数
② 分数のしくみ ……(2)

❶ 次の数を、下の数直線に↓でかき入れましょう。 📖教下93ページ❷、▶

15点(1つ5)

① $\dfrac{3}{5}$ m　　② $\dfrac{5}{5}$ m　　③ $\dfrac{7}{5}$ m

0　　　　　　　1　　　　　　　2(m)

❷ 次の□にあてはまる分数や小数を書きましょう。 📖教下95ページ❹

50点(□1つ5)

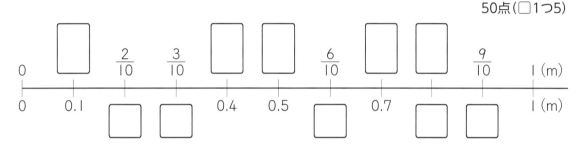

$\dfrac{2}{10}$　$\dfrac{3}{10}$　　　　$\dfrac{6}{10}$　　　$\dfrac{9}{10}$　1(m)

0　0.1　　0.4　0.5　　0.7　　　1(m)

❸ 次の問題に答えましょう。 📖教下95ページ❶

10点(1つ5)

① 0.8m を分数で表しましょう。 （　　　　）

② $\dfrac{1}{10}$ m の6こ分を、分数と小数で表しましょう。（　　　、　　　）

❹ 次の□にあてはまる等号や不等号を書きましょう。 📖教下93ページ❸、95ページ❷

25点(1つ5)

① $\dfrac{7}{7}$ □ $\dfrac{8}{7}$　　② $\dfrac{5}{4}$ □ 2　　③ 0.8 □ $\dfrac{7}{10}$

④ 0.5 □ $\dfrac{5}{10}$　　⑤ 0.7 □ $\dfrac{9}{10}$

教科書 📖 下93〜95ページ

時間 **15**分 ｜ 合かく **80点** ／100 ｜ 月　日

サクッと
こたえ
あわせ

答え **94** ページ

15 分数
③ 分数のたし算とひき算

$\left[\dfrac{1}{5}+\dfrac{2}{5}\ は、\dfrac{1}{5}\ が\ (1+2)\ こで\ \dfrac{3}{5}\ です。また、\dfrac{4}{5}-\dfrac{2}{5}\ は、\dfrac{1}{5}\ が\ (4-2)\ こで\ \dfrac{2}{5}\ です。\right]$

❶ 次の□にあてはまる数を書きましょう。　📖教 下96ページ**1**、97ページ**2**

20点(全部できて1つ10)

① $\dfrac{3}{6}+\dfrac{2}{6}$ の計算は、$\dfrac{1}{6}$ が $\left(\boxed{}+\boxed{}\right)$ こで、$\dfrac{\boxed{}}{6}$

② $\dfrac{5}{7}-\dfrac{2}{7}$ の計算は、$\dfrac{1}{7}$ が $\left(\boxed{}-\boxed{}\right)$ こで、$\dfrac{\boxed{}}{7}$

❷ 次の計算をしましょう。　📖教 下96ページ▶、**2**、97ページ▶、**2**　　45点(1つ5)

① $\dfrac{1}{3}+\dfrac{1}{3}$　　② $\dfrac{1}{6}+\dfrac{4}{6}$　　③ $\dfrac{2}{5}+\dfrac{2}{5}$

④ $\dfrac{5}{8}+\dfrac{3}{8}$　　⑤ $\dfrac{2}{3}-\dfrac{1}{3}$　　⑥ $\dfrac{3}{5}-\dfrac{1}{5}$

⑦ $\dfrac{6}{9}-\dfrac{4}{9}$　　⑧ $\dfrac{6}{7}-\dfrac{2}{7}$　　⑨ $1-\dfrac{4}{5}$

❸ $\dfrac{3}{8}$ L のジュースと $\dfrac{4}{8}$ L のジュースを合わせると、何 L になりますか。

📖教 下96ページ**1**　15点(式10・答え5)

式

答え（　　　　　　　　　）

❹ 牛にゅうが $\dfrac{8}{9}$ L あります。$\dfrac{2}{9}$ L 飲むと、のこりは何 L ですか。

📖教 下97ページ**2**　20点(式10・答え10)

式

答え（　　　　　　　　　）

教科書 📖 下96〜97ページ

16 重さ
① 重さの表し方

[重さを表すたんいにグラムがあります。「g」と書きます。一円玉1この重さは、1gです。]

1 次の重さは何gですか。　教下104ページ2　　　30点(1つ10)

①　三角じょうぎ　一円玉6こ　（　　　　　）g

②　けしゴム　一円玉23こ　（　　　　　）g

③　のり　一円玉32こ　（　　　　　）g

2 右のはかりを見て、答えましょう。　教下105ページ3、106ページ▶　30点(1つ10)

① 　右のはかりでは、何gまではかれますか。
（　　　　　　　）g

② 　いちばん小さい1目もりは、何gを表していますか。
（　　　　　　　）g

③ 　はりが指している目もりは、何gですか。
（　　　　　　　）g

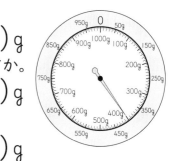

[重さを表すたんいにキログラム(kg)があります。1kg=1000gです。]

3 右のはかりを見て、答えましょう。　教下107ページ4、108ページ3　30点(1つ10)

① 　右のはかりでは、何kgまではかれますか。
（　　　　　　　）kg

② 　いちばん小さい1目もりは、何gを表していますか。
（　　　　　　　）g

③ 　はりが指している目もりは、何kg何gですか。
また、何gですか。
（　　　　）kg（　　　　）g、（　　　　）g

[gやkgのほかに、重さのたんいには、トン(t)があります。1t=1000kgです。]

4 次の□にあてはまる数を書きましょう。　教下109ページ2　10点(1つ5)

①　2t=□kg　　　②　□t=5000kg

時間 15分　合かく 80点　/100　月　日

サクッと
こたえ
あわせ

答え 94ページ

16 **重さ**
② りょうのたんい／③ 小数で表された重さ／
④ もののかさと重さ

[g や kg のほかに、重さのたんいには、トン(t)があります。]

1 次の□にあてはまる数を書きましょう。　教下110ページ**1**　30点(1つ5)

① 1m = □ cm

② 1cm = □ mm

③ 1km = □ m

④ 1L = □ mL

⑤ 1kg = □ g

⑥ 1t = □ kg

2 次の□にあてはまる数を書きましょう。　教下111ページ**1**、▶、**2**　50点(1つ10)

① 0.2kg = □ g

② 3.7kg = □ kg □ g

③ 67.5kg = □ kg □ g

④ 4kg600g = □ kg

⑤ 10kg400g = □ kg

[かさが同じでも、そのざいりょうによって、重さがちがいます。]

3 次のような、同じ大きさの鉄の球と木の球とでは、どちらが重いですか。

教下112ページ▶　20点

鉄の球　　　　　　　木の球

(　　　　　　　)

教科書 下110〜112ページ

16 重さ
⑤ 重さの計算

[重さのたんいに気をつけて、計算します。]

❶ 重さ 200g の箱に、にんじんを 900g 入れました。　📖教下113ページ❶
25点（①式10・答え5、②10）

① 重さは、合わせて何 g になりますか。

箱の重さ　にんじんの重さ　全部の重さ

式　200 ＋ 900 ＝ ☐

答え（　　　　　）

② これは、何 kg 何 g ですか。

1000g=1kg
だよ。

（　　　　　）

❷ 重さ 350g のはちに、土を 800g 入れました。重さは、合わせて何 kg 何 g になりますか。　📖教下113ページ❶　　25点（式15・答え10）

式

答え（　　　　　）

❸ 重さ 700g のごみ箱に、ごみが入っています。その重さをはかったら、2kg100g ありました。ごみの重さは、何 kg 何 g ありますか。
📖教下113ページ▶　25点（式15・答え10）

式

答え（　　　　　）

╲よく読んで!╱
❹ 大がたトラックで土を運びました。1回目に 3500kg 運びました。2回目の土を運んだら、全部で 8000kg になりました。2回目に何 kg 運びましたか。　📖教下113ページ❷　　25点（式15・答え10）

式

答え（　　　　　）

教科書 📖 下113ページ

時間 **15分** 　合かく **80点** ／100 　月　日

サクッと
こたえ
あわせ
答え **95ページ**

17 □を使った式 ……（1）

1 りんごを、重さ 100g の入れ物に入れて全体の重さをはかったら、500g あり
ました。次の問題に答えましょう。　📖教下121〜122ページ**1**　　60点

① りんごの重さ、入れ物の重さ、全体の重さを、次の図に表しました。

　　□にあてはまることばを書きましょう。　　10点（□1つ5）

ア＿＿＿の重さ

イ＿＿＿の重さ　　入れ物の重さ

② ①の図を見て、全体の重さを求める式を、ことばの式で表します。

　　□にあてはまることばを書きましょう。　　10点（□1つ5）

　　りんごの重さ ＋ ＿＿＿＿＿＿ ＝ ＿＿＿＿＿＿

③ わからない数を□として、たし算の式に表します。□にあてはまる
数を書きましょう。　　10点（□1つ5）

　　□ ＋ ＿＿＿ ＝ ＿＿＿

④ □にあてはまる数を計算で求めましょう。　　30点（□1つ5・答え15）

　　□ ＝ ＿＿＿ － ＿＿＿ ＝ ＿＿＿

　　　　　　　　　　　　答え（　　　　　　　）

2 バナナ 600g を、入れ物に入れて全体の重さをはかったら、800g ありました。
入れ物の重さは何 g ですか。　📖教下122ページ▶　40点（①20、②計算10・答え10）

① 入れ物の重さを□ g として、たし算の式に表しましょう。

　式

② □にあてはまる数を計算でもとめましょう。

　　□ ＝

　　　　　　　　　　　　答え（　　　　　　　）

教科書 📖 下120〜122ページ

時間 15分 ｜ 合かく 80点 ｜ /100

月　　日

サクッと
こたえ
あわせ

答え 95ページ

17　□を使った式　　　　……(2)

1 130円のジュースを買ったら、のこりは170円になりました。次の問題に答えましょう。　📖教下123ページ**2**　　　　　　　　　　60点

① 持っていたお金、ジュースのねだん、のこりを、次の図に表しました。□にあてはまることばを書きましょう。　　　　10点(□1つ5)

ア

ジュースのねだん　　　イ

② ①の図を見て、のこりを求める式を、ことばの式で表します。□にあてはまることばを書きましょう。　　　　10点(□1つ5)

$$\boxed{} - \boxed{} = のこり$$

③ わからない数を□として、ひき算の式に表します。□にあてはまる数を書きましょう。　　　　10点(□1つ5)

$$□ - \boxed{} = \boxed{}$$

④ □にあてはまる数を計算で求めましょう。　　　30点(□1つ5・答え20)

$$□ = 130 + \boxed{} = \boxed{}$$

答え（　　　　　　　　）

2 くだもの屋さんで、りんごが何こか売られていました。25こ売れたので、のこりは29こになりました。はじめに売られていた数は何こでしょうか。

📖教下123ページ**2**　40点(①20、②計算10・答え10)

① はじめに売られていた数を□ことして、ひき算の式に表しましょう。

式

② □にあてはまる数を計算でもとめましょう。

$$□ =$$　　　　　　　答え（　　　　　　　　）

教科書 📖 下123ページ

17 □を使った式　……(3)

❶ 同じねだんのえん筆を 10 本買ったら、代金は 600 円になりました。えん筆 1本のねだんは何円ですか。　📖数下124ページ❸　　　　　　60点

① 1本のねだん、買った数、代金を図に表しました。□にあてはまることばを書きましょう。　　　10点(□1つ5)

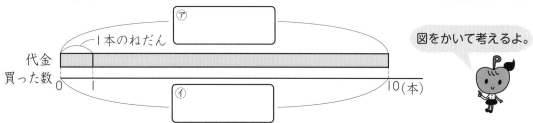

図をかいて考えるよ。

② ①の図を見て、代金を求める式を、ことばの式で表します。□にあてはまることばを書きましょう。　　　10点(□1つ5)

1本のねだん × □ = □

③ わからない数を□として、かけ算の式に表します。□にあてはまる数を書きましょう。　　　10点(□1つ5)

□ × □ = □

④ □にあてはまる数を計算で求めましょう。　30点(□1つ5・答え15)

□ = □ ÷ □ = □

答え（　　　　　　）

❷ 何こかあるたまごを 6 こずつケースに入れると、9 ケースできました。たまごは全部で何こありますか。　📖数下125ページ❹、▶　40点（①20、②計算10・答え10）

① 全部のこ数を□ことして、わり算の式に表しましょう。

式

② □にあてはまる数を計算でもとめましょう。

□ = 　　　　　　答え（　　　　　　）

教科書 📖 下124〜125ページ

18　しりょうの活用

❶　下の表は、3年生のクラスの人が住んでいる町と人数を表したものです。

📖教 上130〜131ページ❶　100点

町調べ(1組)

町　名	人数(人)
東　町	9
西　町	10
南　町	7
北　町	6

町調べ(2組)

町　名	人数(人)
東　町	5
西　町	9
南　町	11
北　町	8

町調べ(3組)

町　名	人数(人)
東　町	8
西　町	7
南　町	10
北　町	7

①　1つの表に整理しましょう。
　　全部できて30点

町名＼組	1組	2組	3組	合　計
東　町				
西　町				
南　町				
北　町				
合　計				

②　①の表をグラフに表したところ次のようになりました。□にあてはまる数を書きましょう。　10点(□1つ5)

組ごとの町べつの人数

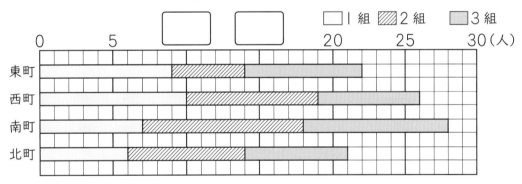

③　3年生全体で、東町に住んでいる人数は何人ですか。　20点

（　　　　　　）

④　東町で、住んでいる人数がいちばん多いのは何組ですか。　20点

（　　　　　　）

⑤　3年生全体で、住んでいる人数がいちばん多いのは何町ですか。　20点

（　　　　　　）

教科書 📖 下130〜133ページ

時間 15分 | 合かく 80点 | /100 | 月　日

サクッと
こたえ
あわせ
答え 95ページ

19 そろばん
① 数の表し方

そろばんは、定位点の1つを一の位として、左に十の位、百の位…となっています。また、一の位の右が小数第一位になっています。

1 次の数を読みましょう。 教下135ページ■　　　100点（1つ10）

① 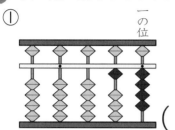 一の位

（　　　　　）

② 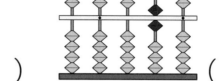 一の位

（　　　　　）

③ 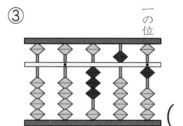 一の位

（　　　　　）

④ 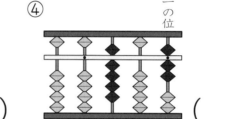 一の位

（　　　　　）

⑤ 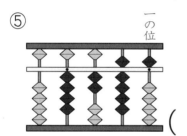 一の位

（　　　　　）

⑥ 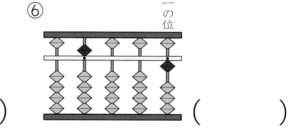 一の位

（　　　　　）

⑦ 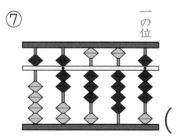 一の位

（　　　　　）

⑧ 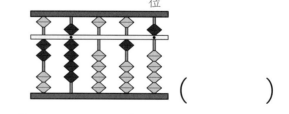 一の位

（　　　　　）

⑨ 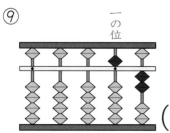 一の位

（　　　　　）

⑩ 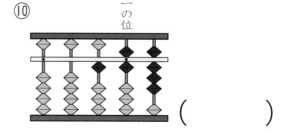 一の位

（　　　　　）

教科書 下134〜135ページ

19 そろばん
② たし算とひき算

1 次の計算をそろばんでしましょう。　📖教 下136ページ**1**、137ページ▶　40点(1つ5)

① 4+5

② 5+2

③ 7+1

④ 2+4

⑤ 4−2

⑥ 9−7

⑦ 5−2

⑧ 6−4

[たし算で、そのままたせないときは、十の位に 10 をたして計算します。ひき算で、その
ままひけないときは、十の位の 10 をひいて計算します。]

2 次の計算をそろばんでしましょう。　📖教 下136ページ**1**、137ページ▶　30点(1つ5)

① 8+4

② 2+9

③ 6+8

④ 17−8

⑤ 14−5

⑥ 11−6

3 次の計算をそろばんでしましょう。　📖教 下137ページ▶、▶　30点(1つ5)

① 7万 +2万

② 6万 −2万

③ 0.6+0.3

④ 1.4+0.4

⑤ 0.8−0.7

⑥ 4.7−0.4

かけ算／わり算／たし算とひき算／小数 分数／□を使った式

答え **96**ページ

⭐**1** 次の計算をしましょう。

75点(1つ5)

① 6534+7489

② 9305−4427

③ 7215+250+750

④
$$\begin{array}{r} 78 \\ \times\ 59 \\ \hline \end{array}$$

⑤
$$\begin{array}{r} 780 \\ \times\ \ 42 \\ \hline \end{array}$$

⑥
$$\begin{array}{r} 406 \\ \times\ \ 60 \\ \hline \end{array}$$

⑦ 14÷7

⑧ 55÷7

⑨ 41÷5

⑩ 0.7+0.9

⑪ 3.4+1.2

⑫ 6.4−0.5

⑬ $\dfrac{1}{6}+\dfrac{2}{6}$

⑭ $\dfrac{7}{8}-\dfrac{5}{8}$

⑮ $\dfrac{5}{7}-\dfrac{1}{7}$

⭐**2** 次の問題を、□を使ったかけ算の式を書いて、答えをもとめましょう。

25点(式15・答え10)

72このみかんを、同じ数ずつ9この箱につめるには、1つの箱には、何こ入れたらよいですか。

式

答え（　　　　　　　）

時間 15分　合かく 80点 ／100

月　日

サクッと
こたえ
あわせ

答え 96ページ

時こくと時間／長さ／重さ

1 次の □ にあてはまる数を書きましょう。　30点(1つ5)

① 1t= □ kg

② 2240g= □ kg □ g

③ 1時間= □ 分

④ 133秒= □ 分 □ 秒

⑤ 2km= □ m

⑥ 1840m= □ km □ m

2 次の時間や時こくをもとめましょう。　30点(式10・答え5)

① あつ子さんとてつ子さんは、町内のマラソン大会に出ました。あつ子さんの記ろくは7分23秒で、てつ子さんの記ろくは6分51秒でした。2人の時間のちがいをもとめましょう。

式

答え（　　　　　　　　）

② 午前10時40分から2時間30分後の時こく。

式

答え（　　　　　　　　）

3 ゆいさんのかばんの重さは670gで、みかさんのかばんの重さは890gです。

40点(①・③式10・答え5、②10)

① 2人のかばんの重さは、合わせて何gになりますか。

式

答え（　　　　　　　　）

② ①の重さは、何kg何gですか。　（　　　　　　　　）

③ 2人のかばんの重さのちがいは何gですか。

式

答え（　　　　　　　　）

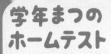

学年まつの
ホームテスト

80.

時間 15分 | 合かく 80点 /100 | 月 日

サクッと
こたえ
あわせ

答え 96ページ

円と球／三角形と角／しりょうの活用

1 下の図の2つの円の半径は、どちらも、5cmで、中心はア、イです。
⓪は、何という三角形ですか。　　　　50点

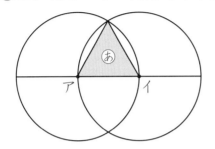

(　　　　　　　　)

2 3年生のすきな食べ物を調べたら、下のようになりました。　　50点

ハンバーグ	正 正 正 正 一
カレーライス	正 正 正 正 正 正 正
ぎょうざ	正 下
スパゲティ	正 正
コロッケ	正 正 丁

① 数字になおして、表に整理
しましょう。　　25点(1つ5)

3年生のすきな食べ物

食べ物	人数(人)
カレーライス	㋐
ハンバーグ	㋑
コロッケ	㋒
スパゲティ	㋓
ぎょうざ	㋔

② ぼうグラフにかきましょう。

25点(ぼう1つ5)

(人) **3年生のすきな食べ物**

●ドリルやテストが終わったら、うしろの
「がんばり表」に色をぬりましょう。
●まちがえたら、かならずやり直しましょう。
「考え方」もよみ直しましょう。

→1. 1 かけ算 1ページ

1 ①10　　②36　　③12
　　④40　　⑤49　　⑥54

2 ①6　　　②6

3 ①
　　7×4 ⎨ 3 ×4＝⎣12⎦
　　　　　⎩ ⎣4⎦×4＝⎣16⎦
　　　　　　　合わせて ⎣28⎦
　　②
　　5×9 ⎨ 5× 3 ＝⎣15⎦
　　　　　⎩ 5×⎣6⎦＝⎣30⎦
　　　　　　　合わせて ⎣45⎦

4 ①2　　　　　②2
　　③7　　　　　④3

考え方 **2** かける数がふえているのか、へっているのかに注目しましょう。

→2. 1 かけ算 2ページ

1 ①8、8、24
　　式 （4×2）×3＝⎣24⎦
　　　　　　　　　　答え 24本

　　②6、6、24
　　式 4×（2×3）＝24
　　　　　　　　　　答え 24本

2 ①16　　②16　　③36　　④18

考え方 かけるじゅんじょをかえるときに、（1けた）×（1けた）のかけ算になるように組み合わせると、かんたんに計算できます。

→3. 1 かけ算 3ページ

1 ① 式 2×⎣3⎦＝⎣6⎦　　答え 6点
　　② 式 4×⎣0⎦＝⎣0⎦　　答え 0点
　　③ 式 0×3＝0　　　　答え 0点
　　④ 式 0＋6＋2＋0＝8　答え 8点

2 ①0　　②0　　③0　　④0

考え方 0のかけ算の答えは、すべて0です。

→4. 1 かけ算 4ページ

1 ① 式 ⎣4⎦×⎣10⎦　式 ⎣10⎦×⎣4⎦
　　② 式 4×10 ⎨ 4× 3 ＝12
　　　　　　　　　 ⎩ 4×⎣7⎦＝⎣28⎦
　　　　　　　　　合わせて⎣40⎦
　　　　　　　　　　　答え 40こ
　　③ 式 4×10＝4×9＋⎣4⎦
　　　　4×9＋⎣4⎦＝⎣40⎦　答え 40こ
　　④ 式 10×4＝40　　答え 40こ

2 ①30　　②60　　③100

考え方 10のかけ算は、10を分けて計算したり、9をかけたときよりいくつふえているかで考えたりできます。

→5. 2 時こくと時間 5ページ

1 （午前）9時15分

2 1時間15分

3 （午前）10時55分

4 　　6時50分
　　＋3　20
　　⎣10時10分⎦　答え （午前）10時10分

考え方 図（1目もり5分とします）で考えるとわかりやすくなります。

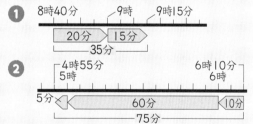

6時10分－4時55分＝1時間15分
と考えます。
筆算で書くと右のように
なります。

　　　　　5　60
　　　6時10分
　　　－4　55
　　─────────
　　　1時15分

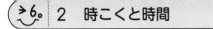

6. 2 時こくと時間

❶ ①86、86　　②74
　③1、47、47　　④めぐみさん
❷ ①60　　②99
　③1、30　　④1、42

考え方 1分＝60秒を使って、秒になおしたり、何分何秒になおしたりします。
❶ ①1分26秒は、1分＋26秒
　　　　　⇩
　　　60秒＋26秒＝86秒
　③107秒は、107秒−60秒＝47秒
　　　　　⇩
　　　　　1分
だから、1分＋47秒で、1分47秒です。

7. 3 わり算 7ページ

❶ ①4こ
　② 式 $\boxed{12}÷\boxed{3}=\boxed{4}$　　答え 4こ
❷ 式 $\boxed{20}÷\boxed{4}=\boxed{5}$　　答え 5こ

考え方 わり算をするときは、わる数のだんの九九を使うと、かんたんに計算できます。
❷ 4のだんの九九で、答えが20になる数を考えると、5だとわかります。

8. 3 わり算 8ページ

❶ 式 15÷5＝3　　　　答え 3こ
❷ 式 18÷3＝6　　　　答え 6cm
❸ ①3　　　②2　　　③3
　④2　　　⑤4　　　⑥6
　⑦4　　　⑧7　　　⑨7
　⑩2　　　⑪8　　　⑫8

考え方 ❷ 18÷3＝□、□×3＝18
□×3＝3×□だから、3×$\boxed{6}$＝18より、
18÷3＝6です。

9. 3 わり算 9ページ

❶ ①4人
　② 式 $\boxed{12}÷\boxed{3}=\boxed{4}$　　答え 4人
❷ 式 $\boxed{30}÷\boxed{6}=\boxed{5}$　　答え 5人

考え方 ❷ 30÷6＝□、6×□＝30
6×$\boxed{5}$＝30だから、30÷6＝5です。

10. 3 わり算 10ページ

❶ ①
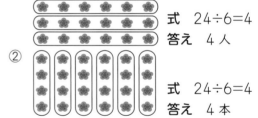
　式 24÷6＝4
　答え 4人
　②
　式 24÷6＝4
　答え 4本
❷ ①40、8、1人分　②40、8、何人

考え方 ❷ ①40÷8＝□、□×8＝40
　　　　②40÷8＝□、8×□＝40
どちらも計算するときは、8のだんの九九を使って、答えをもとめます。

11. 3 わり算 11ページ

❶ ① 式 $\boxed{6}÷\boxed{6}=\boxed{1}$
　　　　　　　答え 1こ
　② 式 0÷6＝0
　　　　　　　答え 0こ
❷ 式 8÷1＝8
　　　　　　　答え 8人
❸ ①1　　②0　　③9
　④1　　⑤1　　⑥0

考え方 1でわると、答えはわられる数と同じになります。また、0を、0でないどんな数でわっても、答えは0になります。

12. 3 わり算 12ページ

❶ ①6、2、20　　②30、20
❷ ①9、10、11、12、12　　答え 12
　②10、2、2、12、12　　答え 12

考え方 ❶ 60を10のまとまりが6こと考えて、まず、6÷3を計算します。
6÷3＝2なので、答えは10のまとまりが2こで、20です。

13. 3 わり算 13ページ

❶ ①6　②7　③7
④8　⑤7　⑥9
⑦9　⑧9　⑨9
⑩1　⑪0　⑫7
⑬10　⑭20　⑮11
⑯14

❷ ① 式 42÷7=6　　答え 6人
② 式 42÷7=6　　答え 6cm

考え方 ❷ ①と②は、式が同じでも答えのたんいがちがいます。このように、何をもとめるのかということに気をつけて、答えのたんいを書きましょう。

おうちのかたへ ❶ 全部できるようにしましょう。まちがえたら、もう一度やってみましょう。わり算をするときに、九九はとても大切です。しっかり復習しておきましょう。

14. 倍の計算 14ページ

❶ ① 式 ③×②=⑥
　　　　　　答え 6cm
② 式 ③×⑤=⑮
　　　　　　答え 15cm
③ 式 4×5=20
　　　　　　答え 20cm

❷ 式 ⑫÷③=④
　　　　　　答え ④本分

❸ 式 6÷2=3
　　　　　　答え 3倍

考え方 もとにする長さを何倍かすると、全部の長さをもとめることができます。
また、全部の長さを、もとにする長さでわると、全部の長さが、もとにする長さの何倍になっているかがわかります。

15. 4 たし算とひき算 15ページ

❶ ①389　②578　③937
④697　⑤989　⑥754
⑦865　⑧907

---

❷ 式 234+362=596
　　　　　　答え 596本

考え方 ❶ ⑧十の位の計算は、0+0だから、0と書きます。
❷ 234+362を筆算すると、右のようになります。たし算の筆算では、
・位をたてにそろえること
・一の位からじゅんに計算すること
が大切です。

$$\begin{array}{r} 234 \\ +362 \\ \hline 596 \end{array}$$

16. 4 たし算とひき算 16ページ

❶ ①875　②737　③963
④873　⑤712　⑥640
⑦929　⑧803　⑨900

❷ ①　739
　　+346
　　1085

② 　675
　+489
　1164

17. 4 たし算とひき算 17ページ

❶ ①245　②561　③351
④732　⑤350　⑥210
⑦406　⑧103

❷ 式 497−263=234
　　　　　　答え 234台

考え方 ❷ 497−263を筆算ですると、右のようになります。ひき算の筆算でも、
・位をたてにそろえること
・一の位からじゅんに計算すること
が大切です。

$$\begin{array}{r} 497 \\ -263 \\ \hline 234 \end{array}$$

18. 4 たし算とひき算 18ページ

❶ ①115　②592　③44
④168　⑤189　⑥69
⑦145　⑧174　⑨592

❷ ①215　　②76

考え方 ❶ 一の位がひけなかったら、十の位から1くり下げて、十の位がひけなかったら、百の位から1くり下げて計算します。

❶ ①7833 ②6006 ③10000
④2978 ⑤5497 ⑥4999

❷ ①
$$\begin{array}{r} 3637 \\ +4185 \\ \hline 7822 \end{array}$$

②
$$\begin{array}{r} 2581 \\ +7464 \\ \hline 10045 \end{array}$$

③
$$\begin{array}{r} 2258 \\ -1947 \\ \hline 311 \end{array}$$

④
$$\begin{array}{r} 10000 \\ -\ \ 4098 \\ \hline 5902 \end{array}$$

考え方 けた数が多くなっても計算のしかたは2けた、3けたのときと同じです。

❶ ① 498+310
+②↓　　↓−②
500+308=808

② 703−98
+②↓　　↓+②
705−100=605

③ 398+260
+2↓　　↓−2
400+258=658

④ 397+420
+3↓　　↓−3
400+417=817

⑤ 500−396
+4↓　　↓+4
504−400=104

⑥ 400−95
+5↓　　↓+5
405−100=305

❷ ①756+32+68=756+(32+68)
　　　　　　　=756+100
　　　　　　　=856

②26+589+74=(26+74)+589
　　　　　　　=100+589
　　　　　　　=689

③49+51+283=(49+51)+283
　　　　　　　=100+283
　　　　　　　=383

④695+13+87=695+(13+87)
　　　　　　　=695+100
　　　　　　　=795

❸ ①十の位から計算すると、40+10=50、
　8+9=17、50+17=67
②60+20=80、
　4+8=12、80+12=92
③74−50=24、24−8=16
④81−20=61、61−9=52

考え方 ❶、❷ 100、200、300…などのように、計算しやすい数にしましょう。

❶ ①619 ②675 ③1203
④6106 ⑤10000 ⑥218
⑦194 ⑧48 ⑨5587

❷ ① 480+299
−1↓　　↓+1
479+300=779

② 700−597
+3↓　　↓+3
703−600=103

③57+874+43
=(57+43)+874
=100+874
=974

❸ ①87 ②63
③29 ④48

❹ ① 式 384−269=115
　　　　答え きのうが、115まい多い。
② 式 384+269=653
　　　　　　答え 653まい

考え方 ❷ ③3つの数をたすときは、じゅんじょをかえて、計算しやすくなるようにくふうしましょう。
❹ ①答えの書き方に気をつけましょう。「どちら」と「何まい」をきっちり書きましょう。

おうちのかたへ ❸ 暗算は、はやく正確にできるようにしましょう。

①

すきな色調べ

色	人数(人)	
赤	①正下	8
青	正正	9
黄	正一	②6
緑	正下	7
その他	正	5
合計		③35

④青
⑤ピンクと白
　（白とピンク）

考え方 ① ⑤「その他」には、表にかかれていない色が入ります。「白とピンク」という答え方でもいいでしょう。

①

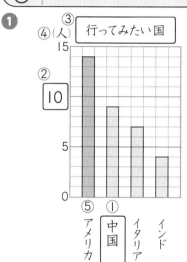

④(人)　行ってみたい国
15
②10
5
0
⑤アメリカ　①中国　イタリア　インド

② ①2人　　②8人　　③4人

考え方 ① 表をもとにして、グラフをかいていきましょう。このようなたてに長いグラフのほかに、横に長いグラフもあります。
② ③木曜日にけっせきしたのは、16人。水曜日にけっせきしたのは、12人だから、16−12＝4で、4人。

①

すきなスポーツ(2組)

スポーツ	人数(人)
野球	10
ドッジボール	8
バレーボール	4
サッカー	13
合計	①35

②9人

②

すきなスポーツ(3年生)

スポーツ　　組	1組	2組	3組	合計
野球	12	10	14	36
ドッジボール	5	8	7	②20
バレーボール	6	4	①2	12
サッカー	9	13	11	33
合計	32	35	34	⑤101

③33人　　　　④野球

考え方 ② ⑤は、32+35+34=101か、36+20+12+33=101のどちらでもとめてもかまいません。

① ①1m10cm　　②6m35cm
② ①い　　　②う　　　③あ
③ ①い　　　②あ　　　③う
④ 1m90cm

考え方 ④ 90cmのすぐ右に2mと書いてあるので、1m90cmだとわかります。

① ①道のり…式　620+940=1560
　　　　　　　　答え　1560m
　　　　　　　きょり…1200m
　②道のり…式　950+340=1290
　　　　　　　　答え　1km290m
　　　　　　　きょり…1km70m
　③　式　1560−1290=270
　　　答え　公園から学校までの道のりのほうが270m長い。

考え方 ① ②道のりは1290mなので1km290mにし、きょりは1070mなので1km70mにします。

☆1 ①0　　②50　　③70
☆2 ①4　　②8　　③7　　④6
☆3 式　3×2×5=30　　答え　30本
☆4 式　8時35分+50分=9時25分
　　　　　　　答え　(午前)9時25分
☆5 式　3時10分−1時40分=1時30分
　　　　　　　答え　1時間30分

考え方 時と分を分けて計算します。

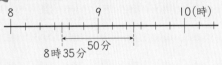

4️⃣ は図を使うとわかりやすくなります。

おうちのかたへ 時こくや時間を考えるときに、わかりにくかったら、図をかいて考えましょう。

---

28. わり算／たし算とひき算

⭐ ①4　　②6　　③9
④5　　⑤6　　⑥8
⑦1　　⑧0　　⑨0
⑩5　　⑪20　　⑫11

⭐ **式** 30÷6=5

答え　5箱

⭐ ①911　　②1403　　③9121
④238　　⑤597　　⑥6569

⭐ ①　　398+580
　+2↓　　↓−2
　　400+578=978

②　　900−696
　+4↓　　↓+4
　　904−700=204

③　62+564+38
　=(62+38)+564
　=100+564
　=664

考え方 4️⃣ 100、200、300、400…などのように、計算しやすい数にしましょう。

おうちのかたへ 3️⃣ 3けた、4けたのたし算とひき算はたいせつなので、しっかり計算できるようにしましょう。
4️⃣ ② ひかれる数とひく数に4をたすことに注意しましょう。

---

29. 表とグラフ／長さ

⭐ ①1さつ　　②13さつ　　③物語

⭐ ①2　　　　　　②8000
③1、800　　　　④4500

⭐ 道のり…1km260m
きょり…1km100m

考え方 3️⃣ 道のりは、670+590=1260で、1260mは1km260mです。

おうちのかたへ 2️⃣ 1km=1000mと覚えておきましょう。
3️⃣ 長さの計算では、3けたのたし算やひき算が多いので、くり上がりや、くり下がりに気をつけましょう。

---

30. 7 円と球

❶ ①半径　　　　　　②等しく
③直径　　　　　　④直径

❷

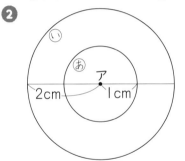

❸ （しょうりゃく）

考え方 ❶ 1つの点からの長さが等しくなるようにかいたまるい形を、円といいます。その1つの点を円の中心、中心から円のまわりまで引いた直線を半径といいます。円の中心を通り、円のまわりからまわりまで引いた直線を、直径といいます。
❸ 正方形の4つのちょう点を、それぞれ円の中心と考えて円の一部分をかきます。

---

31. 7 円と球

❶ 3cm

❷ ① アエ　　　　　　②2cm

❸ 8cm

❹ ⓘ

考え方 ② ① 直線アエは、円の直径です。直径は、円のまわりからまわりまで引いた直線の中で、いちばん長い直線です。
② 直径の長さは、半径の長さの2倍なので、半径の長さは、4÷2=2で、2cmです。
③ 正方形の中に、円がぴったり入っているので、円の直径は、正方形の1辺と同じ長さになっています。

32° 7 円と球 32ページ

❶ ①(球の)中心
②◯(球の)半径　　③う(球の)直径
③6cm

❷ ⑦

考え方 ② 球を切った切り口がいちばん大きくなるのは、球の中心を通るように切ったときです。

33° 8 あまりのあるわり算 33ページ

❶ 式 $13÷4=3$ あまり 1
答え 3 こになって、1 こあまる
❷ 式 $24÷5=4$ あまり 4
答え 4 人に分けられて、4 こあまる
❸ ①2、2　　　②9、1
③2、2　　　④2、5

34° 8 あまりのあるわり算 34ページ

❶ ①4、4　　　②3、5
③2、3　　　④1、1
❷ 式 $39÷8=4$ あまり7
答え 4ふくろできて、7こあまる
❸ 式 $33÷6=5$ あまり 3
たしかめ $6×5+3=33$
答え 5ふくろできて、3こあまる
❹ ①1あまり4
たしかめ $5×1+4=9$
②8あまり6
たしかめ $8×8+6=70$

考え方 あまりがあるときは、あまりがわる数より小さいことをたしかめましょう。

35° 8 あまりのあるわり算 35ページ

❶ 式 $32÷6=5$ あまり 2
$5+1=6$　　　答え 6回
❷ 式 $41÷8=5$ あまり1
$5+1=6$
答え 6日
❸ ① 式 $31÷7=4$ あまり3
答え 4はんできて、3人のこる
②7人のはん…1ぱん、8人のはん…3ぱん
❹ 式 $53÷7=7$ あまり4
答え 7こ

考え方 ここでは、答えを考えるときに、あまりの分を考えるのか考えないのかに気をつけます。
② あまりの1ページを読むのにもう1日かかるので、答えは5日ではなく6日です。
③ ②のこりの3人を、1人ずつ7人のはんにいれて8人のはんを作ります。8人のはんが3つできるので、7人のはんは4−3=1となり、1つです。
❹ シール4まいではおかしとひきかえられないので、あまりの分は考えません。

36° 8 あまりのあるわり算 36ページ

❶ ①2あまり2
たしかめ $3×2+2=8$
②3あまり1
たしかめ $6×3+1=19$
③4あまり3
たしかめ $5×4+3=23$
④3あまり4
たしかめ $9×3+4=31$
⑤8あまり4
たしかめ $7×8+4=60$
⑥6あまり5
たしかめ $8×6+5=53$
❷ 式 $27÷6=4$ あまり3
答え 4人に分けられて、3本あまる
❸ ① 式 $31÷4=7$ あまり3
答え 7はんできて、3人のこる
②4人のはん…4はん、5人のはん…3ぱん

考え方 ❸ ②のこりの３人を、１人ずつ
４人のはんにいれて５人のはんを作りま
す。５人のはんが３つできるので、４人
のはんは 7−3＝4 となり、４つです。
また、次のように考えることもできます。
31 人から４人ずつじゅんにひいていって、
５でわり切れる数になればやめます。
31−4＝27、27−4＝23、
23−4＝19、19−4＝15
15 は５でわり切れるので、ここまでです。
４を４回ひいたので、４人のはんは４は
んできることがわかります。また、
15÷5＝3 だから、５人のはんは３ぱんです。

おうちの かたへ あまりのあるわり算では、あまりが
わる数より小さくなることをしっかりと理
解しましょう。

---

37. **9 （２けた）×（１けた）の計算** **37 ページ**

❶ ① 式 [12]×[3]
② 12×3 〈 2 ×3＝[6]
         [10]×3＝[30]
   合わせて [36]

答え　36 こ

❷ 17×4 〈 [7] ×4＝[28]
         [10]×4＝[40]
   合わせて [68]

考え方 （２けた）×（１けた）の計算は、２け
たの数を一の位と十の位に分けてかけ算を
します。12 は２と 10、17 は７と 10、
というふうにします。

---

38. **10 １けたをかけるかけ算** **38 ページ**

❶ ① 式 [30]×[5]　② 答え　150 円
❷ ① 式 [200]×[4]　② 答え　800 円
❸ ①40　　②120　　③200
　④800　　⑤1200　　⑥3000

考え方 何十、何百のかけ算は、10 や 100
のまとまりを考えて、九九を使って計算で
きます。

---

38. **3** ⑥500 は、100 が５こ。500×6 は、
5×6＝30 で、100 が 30 こだから、
500×6＝3000 です。

---

39. **10 １けたをかけるかけ算** **39 ページ**

❶ ① 式 [43]×[2]
② 43×2 〈 3×[2]＝[6]
         [40]×2＝[80]
   合わせて [86]

答え　86 円

❷ ①62　　②88　　③63
　④48　　⑤96　　⑥84

考え方 （２けた）×（１けた）の筆算は、一の
位、十の位のじゅんで計算します。

---

40. **10 １けたをかけるかけ算** **40 ページ**

❶ ①168　　②84　　③272
　④200　　⑤78　　⑥474
　⑦189　　⑧90　　⑨756
❷ ①512　　②222　　③423
　④312　　⑤510　　⑥203

考え方 くり上がって、答えが３けたにな
る計算に気をつけましょう。また、０をわ
すれずに書きましょう。
❶ ④　40　　⑥　79　　⑨　84
　 ×　5　　　×　6　　　×　9
　　200　　　474　　　756

❷ 十の位でくり上がりがある計算はまち
がえやすいので、注意しましょう。
　① 64　　⑤ 85　　⑥ 29
　 ×　8　　 ×　6　　 ×　7
　 512　　 510　　 203

---

41. **10 １けたをかけるかけ算** **41 ページ**

❶ ①246　　②639　　③862
　④848　　⑤286　　⑥663
　⑦642
❷ ①1868　　②3564　　③1458

考え方 （3けた）×（1けた）の筆算も、（2けた）×（1けた）のときと同じように、一の位からじゅんに計算します。百の位もわすれずに計算しましょう。

一の位、十の位、百の位と、位をたてにそろえて計算しましょう。

42. 10 1けたをかけるかけ算 42ページ

❶ ①2310　②1008　③2982
　④6152　⑤5004　⑥1038
　⑦5523　⑧1725　⑨1934
　⑩1938

❷ ①1280　②4540　③3200

考え方 ❶ 百の位を計算して2けたになったり、十の位からのくり上がりをたすと2けたになるときは、千の位に書きます。

⑤ 一の位→十の位→百の位と、つぎつぎくり上がっていきます。

```
  一の位      十の位      百の位
  834         834         834
×   6       ×   6       ×   6
 ²                        ²
    4          ²04        5004
```

❷ かけられる数の一の位だけが0のときは、先に十の位、百の位を計算して、後で答えの右に0を1つつけます。また、十の位と一の位に0があるときは、百の位を計算してから答えの右に0を2こつけます。

①64×2を計算してから、128に0を1こつけて1280とします。

③8×4を計算してから、32に0を2こつけて3200とします。

43. 10 1けたをかけるかけ算 43ページ

❶ ①84　　②84
　③276　　④276

❷ ①66　②84　③92
　④224　⑤390　⑥210

44. 10 1けたをかけるかけ算 44ページ

❶ ①74　②248　③249
　④468　⑤232　⑥414

❷ ①696　②1950　③5016
　④3280　⑤4249　⑥2700

❸ ①96　　②270

❹ 式　936×8=7488

答え　7488円

考え方 ❷ ②、③（3けた）×（1けた）で、くり上がりが2回あるものは、注意して計算しましょう。

❹ かさ1本のねだん × 本数 ＝ 代金

となります。これにあてはめて、計算をしましょう。

936×8の筆算は、右のようになります。

```
    936
×     8
   ²⁴
   7488
```

おうちのかたへ （2けた）×（1けた）、（3けた）×（1けた）で、❶④〜⑥や❷②、③など、くり上がりのある計算をしっかりとできるようにしましょう。

45. 11 大きい数 45ページ

❶

一万の位	千の位	百の位	十の位	一の位
1	3	2	1	4

❷ ①56793　　②90020
　③60000　　④31582
　⑤81805　　⑥73450000

❸ ①5、4、9、2、3
　②8、3、4、5

考え方 ❶ 一万を1こと、千を3こと、百を2こと、十を1こと、一を4こ合わせた数を表しています。

❷ ⑤ 十の位は、かん字では書かれていませんが、数字では0を書きます。

例　三百五 → 305

❶ ①7234 こ ②72340 こ

❷ ① (ア)1000 (イ)1万
　②ぁ4000 ◌53000
　　⑤7万 ◿43万

❸ ①99999、100001
　②495万、505万

❹ 100 こ

❺ ① ＞　　　② ＜

考え方 **❷** 数直線とは、直線の上に、同じ長さで区切った目もりをつけて、目もりのいちで数を表したものです。数直線では、1目もりがいくつを表しているかが大切です。(イ)の数直線では、1目もりは1万を表しています。

❺ 不等号は、右がわと左がわの数や式の大小を表すしるしです。大＞小、小＜大のように書きます。右がわと左がわの数や式が等しいときは、等号で○＝○と書きます。

❶ 150

百	十	一
	1	5
1	5	0

10倍

❷ 1500

千	百	十	一
		1	5
	1	5	0
1	5	0	0

10倍
10倍
100倍

❸ ①100倍…8000、1000倍…80000
　②100倍…5300、1000倍…53000
　③100倍…40900、1000倍…409000

❹ 25

百	十	一
2	5	0
	2	5

10でわる

❺ ①60　　②400　　③730

考え方 10倍で0が1こふえて、100倍で0が2こふえて、10でわると0が1こへります。これをしっかりとおぼえておきましょう。

❶ ①570000 ②320000
　③8410000 ④2680000
　⑤7000万 ⑥300万

❷ ①　7329
　　＋4561
　　11890

　②　6831
　　＋5427
　　12258

　③　3697
　　－2154
　　1543

　④　8671
　　－4293
　　4378

考え方 **❶** 万をのぞいた数の計算をしてから、答えに万をつけます。
①32万＋25万＝57万
②51万－19万＝32万

❶ ①2.4 ②1.8
　③1.6

❷ ①0.5dL ②0.8dL
　③1.2dL ④2.7dL

考え方 0.1dL は、1dL を等しく10に分けた1つ分です。0.1dL が2つで0.2dL、0.1dL が3つで0.3dL、……です。

❶ 2.6L

❷ ①0.6cm ②1.9cm ③2.4cm

❸ ①0.8m ②1.5m ③2.2m

❹ ①19 ②3.1 ③3.4

考え方 **❹** ①1.9dL は 0.1dL の19こ分といえるように、小数は、0.1 のいくつ分で表すことができます。

❶ ぁ0.3 ◌1.2 ⑤1.9 ◿2.4

❷ ①27 ②4 ③2.5 ④0.8

❸ ① ＞　　　② ＜

❹ ①4.8、5.1 ②1(1.0)、0.9

考え方 ❶ 数直線では、右へいくほど数が大きくなります。

❷ ③0.1 を 10 こ集あつめた数が 1 だから、0.1 を 20 こ集めた数は 2 です。2 と 0.1 が 5 こで、2.5 です。

---

52. 12 小数 ページ 52

❶ ①0.5+0.3
②5、3、3　　　　答え 0.8L
❷ ①1.3　　②8.2　　③4.1
④9　　⑤5.2

考え方 ❷ ①0.1 が 10 こ集まると、1 くり上がって、1 つ上の位にうつります。0.1 が 13 こで、1.3 です。
④小数の位のさいごが 0 になったら、その 0 に線をひいて消します。
⑤5 は、5.0 と考えて計算します。
筆算は、小数点の位置をたてにそろえて書き、位をそろえて計算します。

---

53. 12 小数 ページ 53

❶ ①0.6　　②2.4　　③5.3
④1.7　　⑤5.6
❷ ①
```
  4.8
 -2.3
 ----
  2.5
```
②
```
  3.⁴4
 -1.8
 ----
  1.6
```
③
```
  8.²2
 -0.6
 ----
  7.6
```
④
```
  5.⁴7
 -4.9
 ----
  0.8
```
⑤
```
  7.⁶0
 -6.2
 ----
  0.8
```

考え方 ❶ ④くり下がりに注意して計算します。1 は、0.1 の 10 こ分だから、整数のひき算と同じように考えて計算します。
❷ ④くり下がりがあるので、一の位は 0 になります。0 と小数点を書きわすれないように注意しましょう。

---

54. 13 三角形と角 ページ 54

❶ ①二等辺三角形　②正三角形
❷ 二等辺三角形…ⓘ、ⓞ
　正三角形…ⓤ、ⓚ

---

55. 13 三角形と角 ページ 55

❶ ①
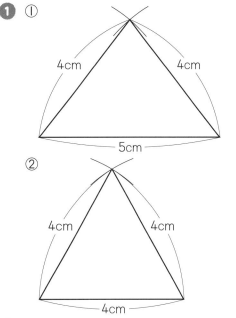

② （図）

❷ ① 正三角形　　　② 二等辺三角形
❸ 二等辺三角形

考え方 ❶ ①長さ 5cm の辺のりょうはして、それぞれを中心にして、コンパスで半径 4cm の円の一部をかきます。2 つの円の一部が交わった点と、長さ 5cm の辺のりょうはしをそれぞれ直線でむすびます。
❷ それぞれの三角形の 2 つの辺は、円の半径です。直径の長さは、半径の長さの 2 倍ですから、半径の長さは 3cm です。
ⓐの三角形は、3 つの辺が 3cm で等しいので、正三角形です。ⓘの三角形は、2 つの辺が 3cm で等しいので、二等辺三角形です。

---

56. 13 三角形と角 ページ 56

❶ ⓘ
❷ ①2　　　　②3
❸ ①ⓤ　　　②ⓐ、ⓤ
❹ ⓐ

考え方 ❶ 角の大きさは、辺の長さにはかんけいがありません。
❹ ⓐの三角じょうぎを、右の図のように組み合わせると正三角形ができます。

91

①円
　　②あ(円の)中心　　　い(円の)半径
　　　う(円の)直径

2 ①4あまり2
　　たしかめ　3×4+2=14
　②9あまり2
　　たしかめ　7×9+2=65
　③3あまり4
　　たしかめ　6×3+4=22
　④6あまり4
　　たしかめ　8×6+4=52

3 式　41÷6=6あまり5
　　　答え　6こになって、5こあまる

4 ①95　　②776　　③413
　④486　　⑤6118　　⑥2832

考え方 **1** ②直径の長さは、半径の長さの2倍です。
4 ⑤くり上がりが2回あるものは、注意して計算しましょう。

1 ①10万　　　　　②460万
2 ①650　　　　　②90000
　③28
3 ①1.3　　②7.2　　③9
　④0.5　　⑤0.6　　⑥0.8
4 ①

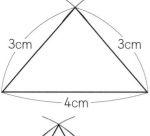

②

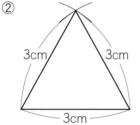

考え方 **3** ④〜⑥はくり下がりがあるので、一の位は0になります。0と小数点を書きわすれないように注意しましょう。

おうちのかたへ **4** では三角形の向きにかかわらず、各辺の長さが合っていれば正答です。

1 式　6×20=6×2×10
　　　　　=12×10
　　　　　=120
　　　　　　　　答え　120本

2 60×20=6×10×2×10
　　　　　=6×2×10×10
　　　　　=12×100
　　　　　=1200

3 ①80　　②240　　③300
　④630　　⑤600　　⑥4800
　⑦3500　⑧3600　⑨5400

考え方 **3** ①2×4=8を先に計算して、0を1つつければよいので80となります。

1 ①10、48、10、240、288
　②48、24、288

2
①	②	③
32	28	16
×21	×32	×48
32	56	128
64	84	64
672	896	768

考え方 (2けた)×(2けた)のかけ算の筆算は、まず、かける数の一の位の計算をします。次に、かける数の十の位の計算をして、その2つをたします。かける数の十の位の計算の答えを書くところに気をつけましょう。

❶

①
$$\begin{array}{r} 62 \\ \times\ 87 \\ \hline 434 \\ 496 \\ \hline 5394 \end{array}$$

②
$$\begin{array}{r} 16 \\ \times\ 79 \\ \hline 144 \\ 112 \\ \hline 1264 \end{array}$$

③
$$\begin{array}{r} 27 \\ \times\ 98 \\ \hline 216 \\ 243 \\ \hline 2646 \end{array}$$

❷

①あ
$$\begin{array}{r} 45 \\ \times\ 60 \\ \hline 00 \\ 270 \\ \hline 2700 \end{array}$$

②あ
$$\begin{array}{r} 70 \\ \times\ 69 \\ \hline 630 \\ 420 \\ \hline 4830 \end{array}$$

い
$$\begin{array}{r} 45 \\ \times\ 60 \\ \hline 2700 \end{array}$$

い
$$\begin{array}{r} 69 \\ \times\ 70 \\ \hline 4830 \end{array}$$

❸

①
$$\begin{array}{r} 17 \\ \times\ 86 \\ \hline 102 \\ 136 \\ \hline 1462 \end{array}$$

②
$$\begin{array}{r} 78 \\ \times\ 40 \\ \hline 3120 \end{array}$$

③
$$\begin{array}{r} 53 \\ \times\ 60 \\ \hline 3180 \end{array}$$

考え方 ❶ くり上がりに気をつけて計算しましょう。くり上がりの数を小さく書いておくと、べんりです。

② 一の位の計算は、9×1にくり上がりの5をたすと14になるので、十の位に4、百の位に1を書きます。

❷ 0のある計算は、0のある数をかける数にしてから計算するとかんたんになります。

❸ ③60×53は、53×60にしてから筆算をするとかんたんになります。

❶ ①30、426、30、6390、6816
②426、639、6816

❷

①
$$\begin{array}{r} 413 \\ \times\ 21 \\ \hline 413 \\ 826 \\ \hline 8673 \end{array}$$

②
$$\begin{array}{r} 279 \\ \times\ 63 \\ \hline 837 \\ 1674 \\ \hline 17577 \end{array}$$

③
$$\begin{array}{r} 415 \\ \times\ 28 \\ \hline 3320 \\ 830 \\ \hline 11620 \end{array}$$

④
$$\begin{array}{r} 503 \\ \times\ 50 \\ \hline 25150 \end{array}$$

⑤
$$\begin{array}{r} 800 \\ \times\ 80 \\ \hline 64000 \end{array}$$

❸ ①1000 ②130 ③1500

考え方 ❷ (3けた)×(2けた)の筆算は、(2けた)×(2けた)の筆算のしかたをもとにしましょう。

❸ ① かけられる数を十の位、一の位に分けて考えます。

20×40=800、5×40=200だから、800+200=1000です。

②、③は、かけるじゅんじょをかえて計算しても、答えが同じになるというきまりを使います。

②5×2=10、13×10=130です。

③25×4=100、15×100=1500です。

❶ ①320 ②3000 ③7200

❷

①
$$\begin{array}{r} 14 \\ \times 21 \\ \hline 14 \\ 28 \\ \hline 294 \end{array}$$

②
$$\begin{array}{r} 74 \\ \times\ 69 \\ \hline 666 \\ 444 \\ \hline 5106 \end{array}$$

③
$$\begin{array}{r} 67 \\ \times\ 89 \\ \hline 603 \\ 536 \\ \hline 5963 \end{array}$$

④
$$\begin{array}{r} 89 \\ \times 70 \\ \hline 6230 \end{array}$$

⑤
$$\begin{array}{r} 523 \\ \times\ 12 \\ \hline 1046 \\ 523 \\ \hline 6276 \end{array}$$

⑥
$$\begin{array}{r} 680 \\ \times\ 38 \\ \hline 5440 \\ 2040 \\ \hline 25840 \end{array}$$

❸

①
$$\begin{array}{r} 38 \\ \times 24 \\ \hline 152 \\ 76 \\ \hline 912 \end{array}$$

②
$$\begin{array}{r} 46 \\ \times 97 \\ \hline 322 \\ 414 \\ \hline 4462 \end{array}$$

③
$$\begin{array}{r} 405 \\ \times\ 60 \\ \hline 24300 \end{array}$$

❹ ①1400 ②1200

考え方 ❹ かけるじゅんじょをかえて計算しても、答えが同じになるというきまりを使います。

①4×50=200、7×200=1400です。

②20×5=100、12×100=1200です。

おうちのかたへ かけ算を書くところや、くり上がりに気をつけて計算しましょう。

64. 15 分数

1 ①$\dfrac{1}{2}$　②$\dfrac{1}{9}$　③$\dfrac{1}{6}$　④$\dfrac{1}{8}$

考え方 **1** ③6こ分で1mになるはした
の長さは、1mを6こに等しく分けた1
こ分の長さと同じです。この長さを$\dfrac{1}{6}$m(六
分の一メートル)といいます。

65. 15 分数

1 ①

$\dfrac{1}{4}$L　②$\dfrac{2}{3}$L　③$\dfrac{3}{5}$L

2 ①$\dfrac{3}{4}$　②$\dfrac{2}{5}$　③$\dfrac{4}{5}$　④$\dfrac{7}{8}$

3 $\dfrac{4}{9}$m

考え方 **3** $\dfrac{1}{9}$mの4こ分の長さですから、
$\dfrac{4}{9}$mになります。

66. 15 分数

1 ①4　②$\dfrac{3}{7}$　③7　④$\dfrac{5}{7}$

2 $\dfrac{5}{5}$L=$\boxed{1}$L

3 ①>　　②<

考え方 **2** 分数では、分母と分子が同じ数
のときは、1と等しくなります。

67. 15 分数

1

2 $\dfrac{1}{10}$、$\dfrac{4}{10}$、$\dfrac{5}{10}$、$\dfrac{7}{10}$、$\dfrac{8}{10}$
0.2、0.3、0.6、0.8、0.9

3 ①$\dfrac{8}{10}$m　②$\dfrac{6}{10}$m、0.6m

4 ①<　　②<　　③>
④=　　⑤<

考え方 $\dfrac{1}{10}$=0.1です。$\dfrac{1}{10}$も0.1も10
こ合わせると1になる数です。

68. 15 分数

1 ①3、2、5　　②5、2、3

2 ①$\dfrac{2}{3}$　②$\dfrac{5}{6}$　③$\dfrac{4}{5}$
④1　⑤$\dfrac{1}{3}$　⑥$\dfrac{2}{5}$
⑦$\dfrac{2}{9}$　⑧$\dfrac{4}{7}$　⑨$\dfrac{1}{5}$

3 式 $\dfrac{3}{8}+\dfrac{4}{8}=\dfrac{7}{8}$　　答え $\dfrac{7}{8}$L

4 式 $\dfrac{8}{9}-\dfrac{2}{9}=\dfrac{6}{9}$　　答え $\dfrac{6}{9}$L

考え方 **2** ①$\dfrac{1}{3}+\dfrac{1}{3}$は、$\dfrac{1}{3}$が(1+1)
こで$\dfrac{2}{3}$です。
⑤$\dfrac{2}{3}-\dfrac{1}{3}$は、$\dfrac{1}{3}$が(2−1)こで$\dfrac{1}{3}$です。

69. 16 重さ

1 ①6　　②23　　③32
2 ①1000　②5　　③400
3 ①2　　②10　　③1、800、1800
4 ①2000　　　②5

考え方 **1** 一円玉1この重さは、1gとい
うことをおぼえておきましょう。

70. 16 重さ

1 ①100　　②10　　③1000
④1000　⑤1000　⑥1000
2 ①200　　　　②3、700
③67、500　　　④4.6
⑤10.4
3 鉄の球

94

71. 16 重さ

❶ ① 式 ⎡200⎤＋⎡900⎤＝⎡1100⎤

　　　　　　　　答え　1100g

　② 1kg100g

❷ 式　350＋800＝1150

　　　　　　　　答え　1kg150g

❸ 式　2100－700＝1400

　　　　　　　　答え　1kg400g

❹ 式　8000－3500＝4500

　　　　　　　　答え　4500kg

考え方　図をかいて考えましょう。

❷

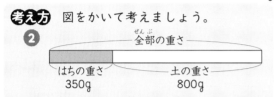

72. 17 □を使った式

❶ ①㋐全体　　　　　　㋑りんご

　② 入れ物の重さ、全体の重さ

　③ 100、500

　④ 500、100、400　　答え　400g

❷ ① 式　600＋□＝800

　　　　（□＋600＝800）

　② □＝800－600＝200

　　　　　　　　答え　200g

考え方　❷ 図をかいて考えましょう。

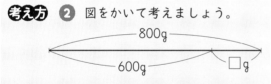

73. 17 □を使った式

❶ ①㋐持っていたお金　　㋑のこり

　② 持っていたお金、ジュースのねだん

　③ 130、170

　④ 170、300　　　答え　300円

❷ ① 式　□－25＝29

　② □＝29＋25＝54

　　　　　　　　答え　54こ

考え方　❷ （はじめの数）－（売れた数）

　　＝（のこった数）です。

74. 17 □を使った式

❶ ①㋐代金　　　　　㋑買った数

　② 買った数、代金

　③ 10、600

　④ 600、10、60　　答え　60円

❷ ① 式　□÷6＝9

　② □＝9×6＝54　　　答え　54こ

考え方　❷ 図をかいて考えましょう。

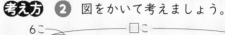
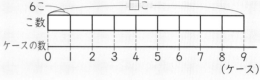

75. 18 しりょうの活用

❶ ①右の表

　②10、

　　15

　③22人

　④1組

　⑤南町

町名＼組	1組	2組	3組	合計
東　町	9	5	8	22
西　町	10	9	7	26
南　町	7	11	10	28
北　町	6	8	7	21
合　計	32	33	32	97

考え方　❶ 表やグラフに表すと、くらべやすくなります。

①横の合計とたての合計は、どちらも97人です。

76. 19 そろばん

❶ ①14　　　　　　②60

　③351　　　　　④907

　⑤4295　　　　⑥5001

　⑦57348　　　⑧29015

　⑨5.2　　　　　⑩16.8

考え方　❶ そろばんは、定位点の1つを一の位として、左に十の位、百の位、千の位……となります。一だまは、一の位では1、十の位では10、百の位では100、千の位では1000を表します。また、五だまは、一の位では5、十の位では50、百の位では500、千の位では5000を表します。そして、たまがもとのところにあるときは、0を表します。

77. 19 そろばん

77ページ

❶ ①9　②7　③8　④6
　⑤2　⑥2　⑦3　⑧2

❷ ①12　②11　③14
　④9　⑤9　⑥5

❸ ①9万　②4万　③0.9
　④1.8　⑤0.1　⑥4.3

考え方 ❶ ①

 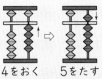

4をおく　5をたす

2をおく　5をたして1をひく

④4はそのままたせないから、5をたして、よぶんな1をひきます。

❷ ①4はそのままたせないので、6をひいて、10をたします。
⑤5はそのままひけないので、まず10をひいて、ひきすぎた5をたします。

78. かけ算／わり算／たし算とひき算／小数／分数／□を使った式

78ページ

❶ ①14023　②4878　③8215

④
```
    78
  ×59
   702
  390
  4602
```

⑤
```
   780
  × 42
  1560
 3120
 32760
```

⑥
```
   406
  × 60
 24360
```

⑦2　⑧7あまり6　⑨8あまり1
⑩1.6　⑪4.6　⑫5.9
⑬$\frac{3}{6}$　⑭$\frac{2}{8}$　⑮$\frac{4}{7}$

❷ 式 □×9=72
　　　□=72÷9=8

答え　8こ

考え方 ❶ ③7215+(250+750)
　　　=7215+1000=8215
と計算します。

おうちのかたへ ❶ ⑧、⑨のようなあまりのあるわり算では、かならず、確かめをしましょう。

79. 時こくと時間／長さ／重さ

79ページ

❶ ①1000　②2、240　③60
　④2、13　⑤2000　⑥1、840

❷ ① 式 7分23秒−6分51秒=32秒
　　　　　　　　答え　32秒

② 式 10時40分＋2時30分
　　=13時10分
　答え　13時10分(午後1時10分)

❸ ① 式 670+890=1560
　　　　(890+670=1560)
　　　　　　答え　1560g

②1kg560g

③ 式 890−670=220
　　　　　　答え　220g

おうちのかたへ 1km=1000m、1t=1000kg、1kg=1000g、1時間=60分、1分=60秒は、かならず、覚えておきましょう。

80. 円と球／三角形と角／しりょうの活用

80ページ

❶ 正三角形

❷ ①⑦34　①21　⑦12
　②10　②8

②
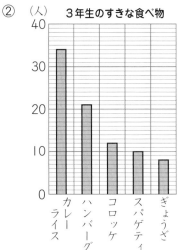

3年生のすきな食べ物

考え方 ❶ 三角形あの3つの辺は、どれも円の半径です。

おうちのかたへ ❷ 棒グラフのかき方を、もう一度教科書で確かめておきましょう。